今すぐ使えるかんたん

ぜったいデキます！エクセル2019

技術評論社

▶この本の特徴

1 ぜったいデキます!

操作手順を省略しません！

解説を一切省略していないので、
途中でわからなくなることがありません！

あれもこれもと詰め込みません！

操作や知識を盛り込みすぎていないので、
スラスラ学習できます！

なんどもくり返し解説します！

一度やった操作もくり返し説明するので、
忘れてしまってもまた思い出せます！

2 文字が大きい

たとえばこんなに違います。

ふつうの本	見やすいといわれている本	この本
大きな文字で 読みやすい	大きな文字で 読みやすい	大きな文字で 読みやすい

3 専門用語は絵で解説

大事な操作は言葉だけではなく絵でも理解できます。

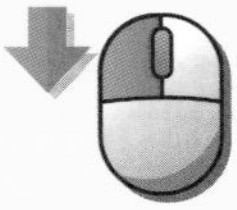

左クリックのアイコン

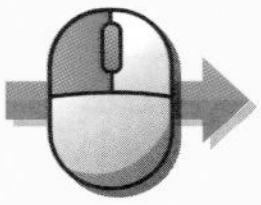

ドラッグのアイコン

入力のアイコン

Enterキーのアイコン

4 オールカラー

2色よりもやっぱりカラー。

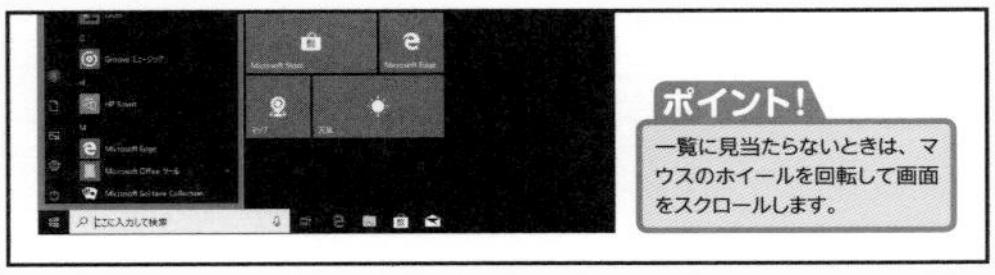

2色

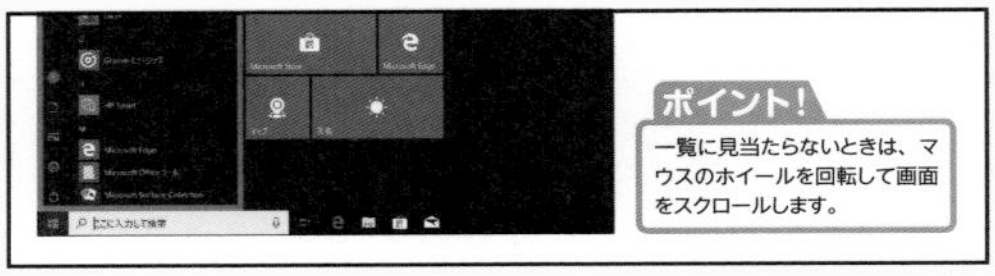

カラー

CONTENTS

パソコンの基本操作

マウスの使い方を知ろう …… 10
キーボードを知ろう …… 15
文字入力のしくみを知ろう …… 16

1 エクセルの基本を学ぼう

エクセルを起動しよう …… 20
エクセルの画面を確認しよう …… 24
セルのしくみを理解しよう …… 26
表を作る手順を知ろう …… 30
ファイル（ブック）を保存しよう …… 32
エクセルを終了しよう …… 36
保存したファイルを開こう …… 38
第１章　練習問題 …… 40

2 データを入力しよう

この章でやること～データの入力 …… 42
項目名を入力しよう～漢字の入力 …… 44
住所録のデータを入力しよう …… 48
郵便番号を入力しよう～数字の入力 …… 50
メールアドレスを入力しよう～英字と記号の入力 …… 52
修正した住所録を保存しよう …… 56
第２章　練習問題 …… 58

3 データを修正しよう

この章でやること～データの修正 …… 60
データをまるごと修正しよう …… 62
データを部分的に修正しよう …… 64
「電話番号」の列を追加しよう～列の挿入 …… 66
データを１件まるごと削除しよう～行の削除 …… 70
データをあとから追加しよう …… 72
第３章　練習問題 …… 74

4 住所録に飾りをつけよう

この章でやること～表の装飾 …… 76
列幅を修正しよう …… 78
複数のセルを選択しよう …… 82

文字のサイズを大きくしよう 84
セルに色をつけよう 86
文字に色をつけよう 88
文字を太字にしよう 90
文字をセルの中央に配置しよう 92
第４章　練習問題 94

5 住所録に罫線を引こう

この章でやること～表の罫線 96
表に格子の罫線を引こう 98
表の外枠を太線にしよう 100
罫線を消そう 102
住所録を印刷しよう 104
第５章　練習問題 108

6 住所録を検索・並べ替えよう

この章でやること～並べ替えと検索 110
通し番号を振ろう 112
五十音順に並べ替えよう 118
通し番号で並べ替えよう 120
データを検索しよう 122
第６章　練習問題 126

7 ウォーキング記録を作ろう

この章でやること〜計算のしくみ …… 128
「ウォーキング記録」の項目を作ろう …… 130
数値にカンマをつけよう …… 132
日付を入力しよう …… 134
体重の前日差を計算しよう …… 138
計算式をコピーしよう …… 142
表の書式を整えよう …… 146
条件に一致したセルを目立たせよう …… 148
第７章　練習問題 …… 152

8 関数を使って計算しよう

この章でやること〜関数とは …… 154
合計と平均の行を準備しよう …… 156
合計の関数を入力しよう …… 158
平均の関数を入力しよう …… 162
関数をコピーしよう …… 168
第８章　練習問題 …… 170

9 グラフを作ろう

この章でやること～グラフの作成 …… 172
歩数を棒グラフにしよう …… 174
体重を折れ線グラフに変更しよう …… 178
グラフのタイトルを入力しよう …… 182
グラフの位置を変更しよう …… 184
グラフのサイズを変更しよう …… 186
グラフのデザインを変更しよう …… 188
第９章　練習問題 …… 190

10 翌月分のウォーキング記録を作ろう

この章でやること～ワークシートの追加 …… 192
ワークシートをコピーしよう …… 194
ワークシートに名前をつけよう …… 196
ワークシートの見出しに色をつけよう …… 200
ワークシートのデータを消去しよう …… 202
第１０章　練習問題 …… 204

付録 エクセルの困った!を解決しよう

エクセルをかんたんに起動したい ………… 206
最近使ったファイルをかんたんに開きたい ………… 208
文字をコピーして貼り付けたい ………… 210
ファイルを削除したい ………… 212
表を１枚に収めて印刷したい ………… 214
小さな表を拡大して印刷したい ………… 216

練習問題解答 ………… 218
索引 ………… 222

マウスの使い方を知ろう

パソコンを操作するには、マウスを使います。
マウスの正しい持ち方から、クリックやドラッグなどの使い方までを知りましょう。

マウスの各部名称

最初に、マウスの各部の名称を確認しておきましょう。初心者にはマウスが便利なので、パソコンについていなかったら購入しましょう。

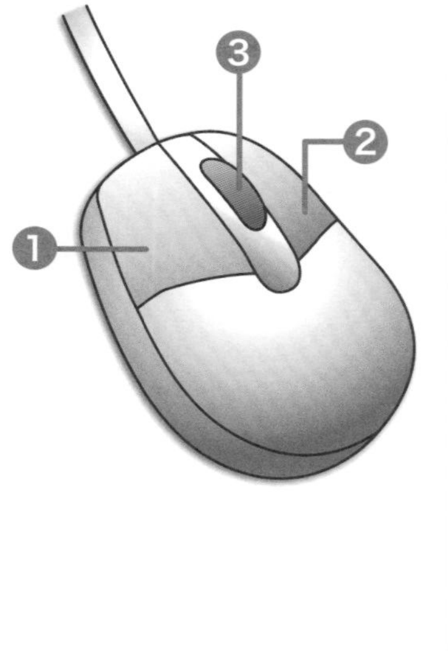

❶ 左ボタン

左ボタンを1回押すことを**左クリック**といいます。画面にあるものを選択したり、操作を決定したりするときなどに使います。

❷ 右ボタン

右ボタンを1回押すことを**右クリック**といいます。操作のメニューを表示するときに使います。

❸ ホイール

真ん中のボタンを回すと、画面が上下左右に**スクロール**します。

マウスの持ち方

マウスには、操作のしやすい持ち方があります。
ここでは、マウスの**正しい持ち方**を覚えましょう。

❶ 手首を机につけて、マウスの上に軽く手を乗せます。

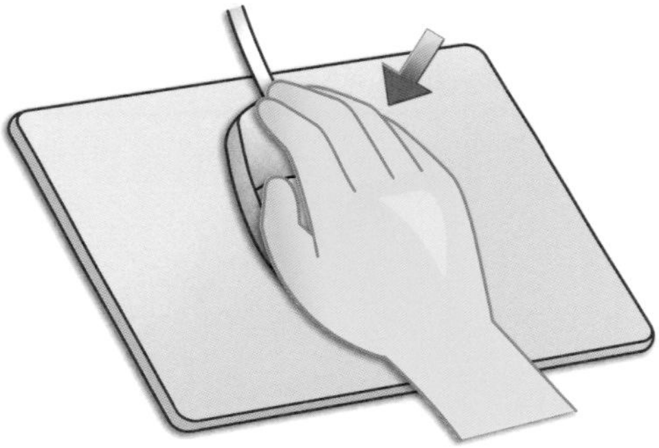

❷ マウスの両脇を、**親指**と**薬指**で軽くはさみます。

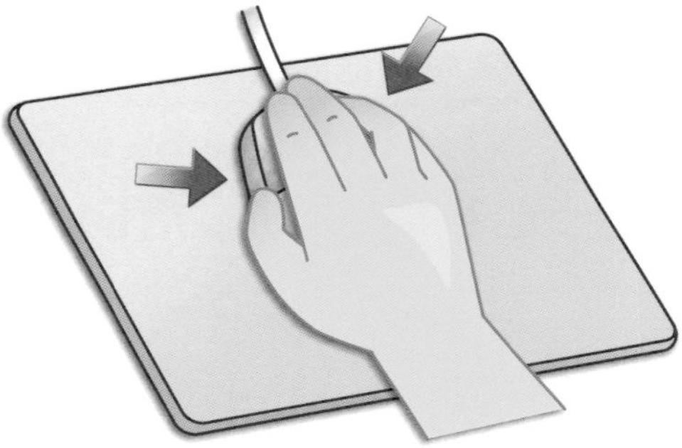

❸ **人差し指**を左ボタンの上に、**中指**を右ボタンの上に軽く乗せます。

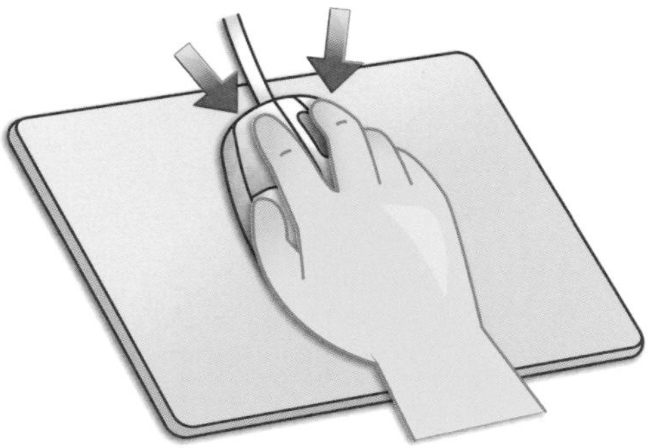

❹ 机の上で前後左右にマウスをすべらせます。このとき、**手首をつけたまま**にしておくと、腕が楽です。

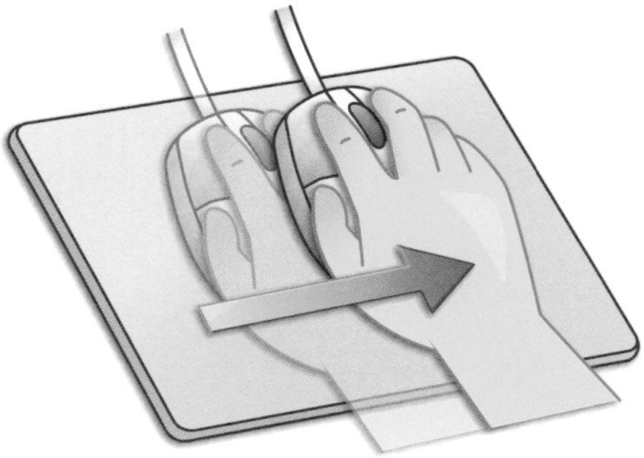

カーソルを移動する

マウスを動かすと、それに合わせて画面内の矢印が動きます。
この矢印のことを、**カーソル**といいます。

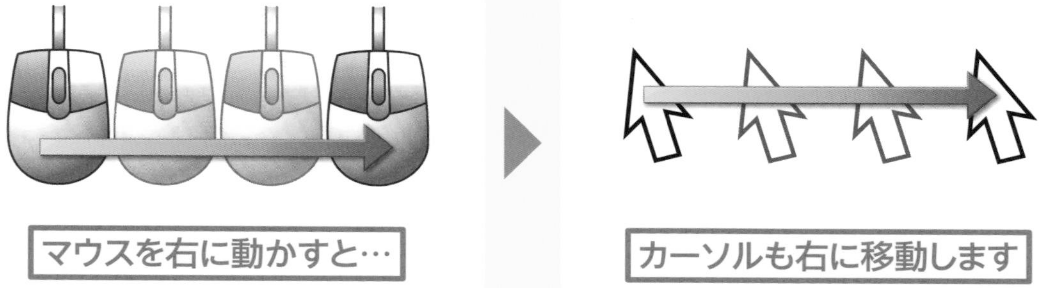

もっと右に移動したいときは?

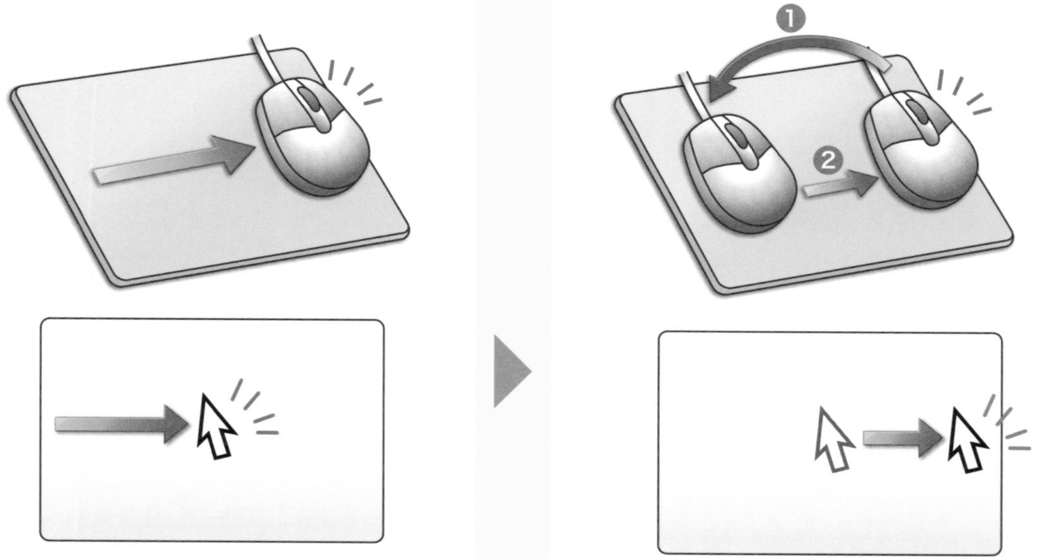

もっと右に動かしたいのに、マウスが机の端にきてしまったときは…

マウスを机から**浮かせて**、左側に持っていきます❶。そこからまた右に移動します❷。

マウスをクリックする

マウスの左ボタンを1回押すことを**左クリック**といいます。
右ボタンを1回押すことを**右クリック**といいます。

❶ クリックする前

11ページの方法でマウスを持ちます。

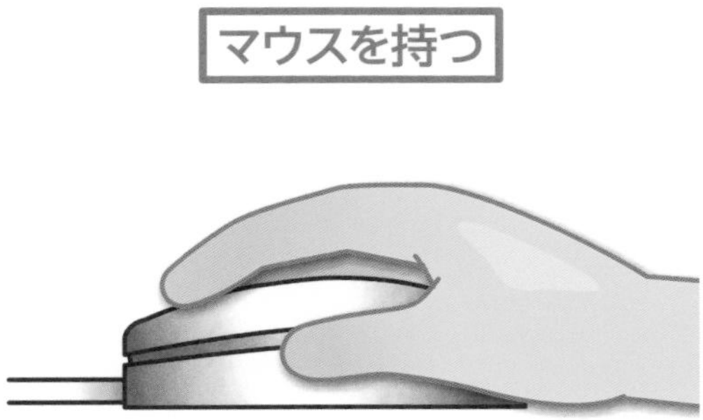

❷ クリックしたとき

人差し指で、左ボタンを軽く押します。カチッと音がします。

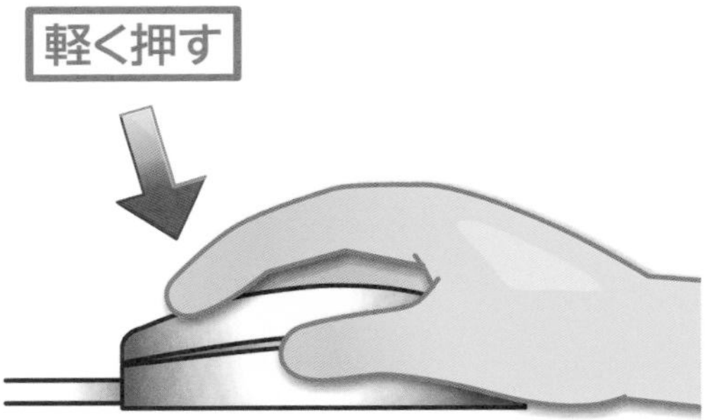

❸ クリックしたあと

すぐに力を抜きます。左ボタンが元の状態に戻ります。

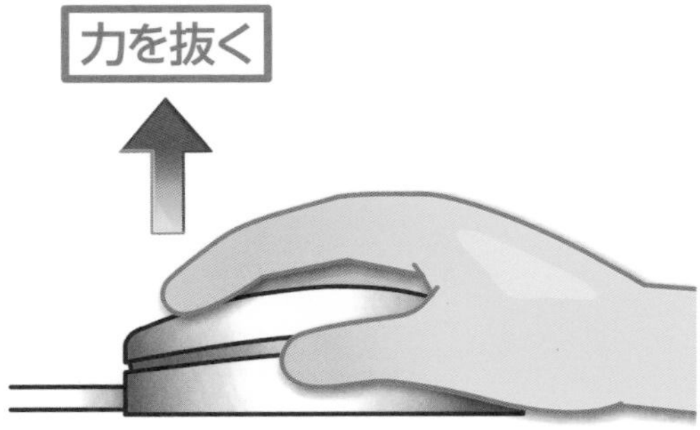

マウスを操作するときは、常にボタンの上に軽く指を乗せておきます。
ボタンをクリックするときも、ボタンから指を離さずに操作しましょう。

マウスをダブルクリックする

左ボタンを2回続けて押すことを**ダブルクリック**といいます。
カチカチとテンポよく押します。

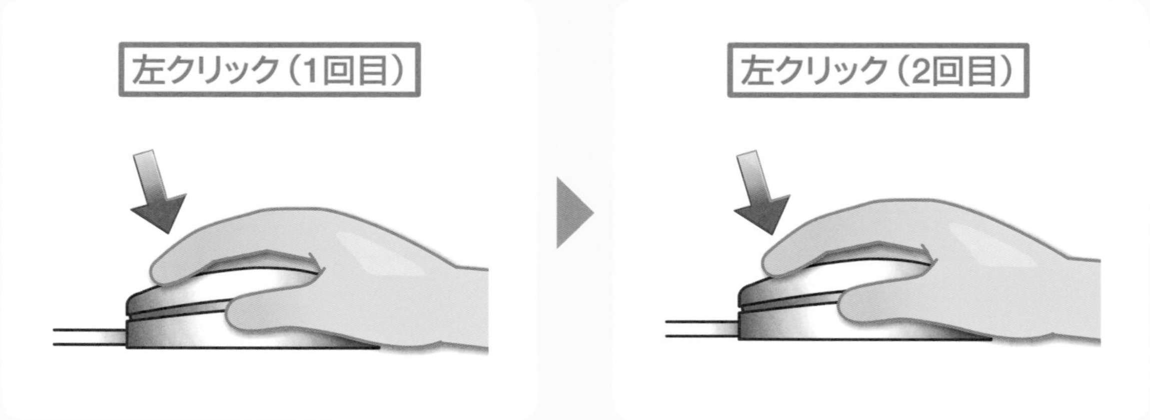

マウスをドラッグする

マウスの左ボタンを押しながらマウスを動かすことを、
ドラッグといいます。

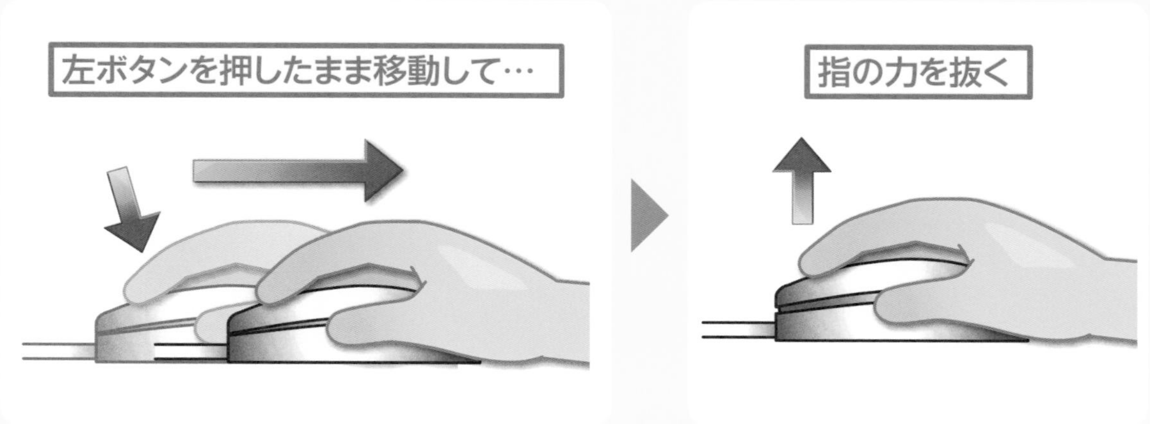

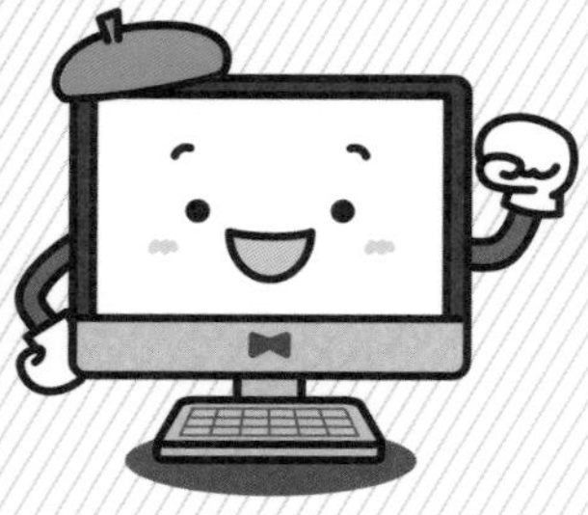

キーボードを知ろう

パソコンで文字を入力するには、キーボードを使います。
最初にキーボードにどのようなキーがあるのかを確認しましょう。

キーの配列

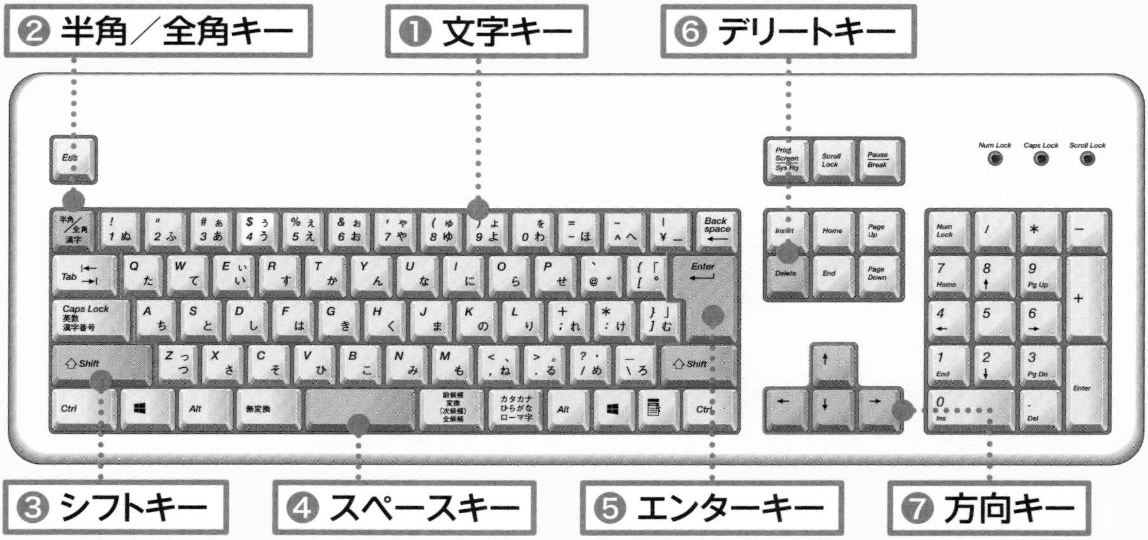

❶ 文字キー
文字を入力するキーです。

② 半角／全角キー
日本語入力と英語入力を切り替えます。

③ シフトキー
文字キーの左上の文字を入力するときは、このキーを使います。

④ スペースキー
ひらがなを漢字に変換したり、空白を入れたりするときに使います。

⑤ エンターキー
変換した文字を確定するときや、改行するときに使います。

⑥ デリートキー
文字を消すときに使います。
「Del」と表示されている場合もあります。

⑦ 方向キー
文字を入力する位置を移動するときに使います。

文字入力のしくみを知ろう

文字を入力する前に、日本語の入力に必要な入力モードアイコンを理解しましょう。英語と日本語の入力を切り替えることができます。

入力モードアイコンを知ろう

パソコンで文字を入力する際には、**入力モードアイコン**を切り替えることにより、**日本語入力**と**英語入力**を切り替えられます。入力モードアイコンは、文字を入力する際に自動で画面の右下に表示されます。

入力する文字により、A だったり あ だったりします。

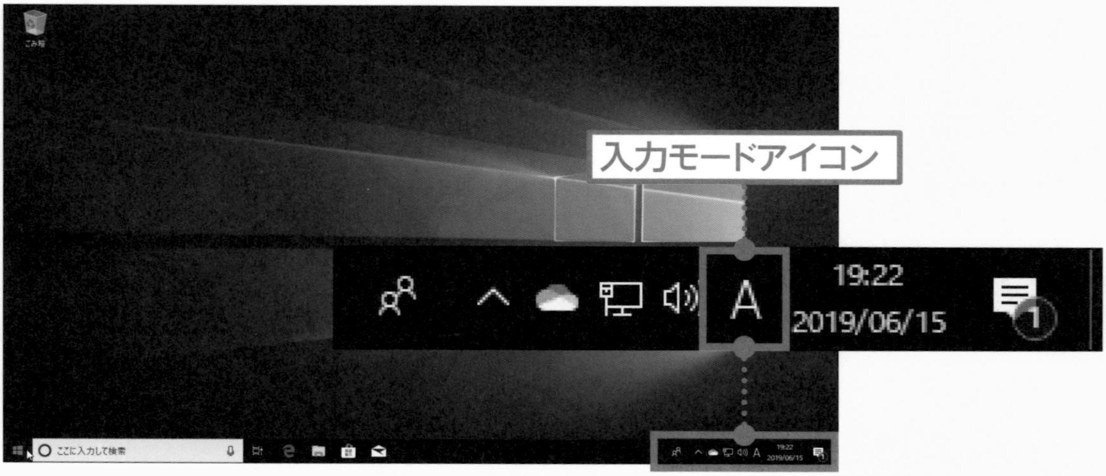

※本書では、A あ のことを「入力モードアイコン」と呼びます。

入力モードを知ろう

入力モードアイコンの あ は、日本語入力モードです。

入力モードアイコンの A は、英語入力モードです。

● 日本語入力モードへの切り替え

入力モードアイコンが A のときに

キーボードの 半角/全角 キーを押すと、あ に切り替わります。

● 英語入力モードへの切り替え

入力モードアイコンが あ のときに

キーボードの 半角/全角 キーを押すと、A に切り替わります。

半角/全角 キーを押すと、入力モードアイコンが切り替わります。

日本語入力モード　　英語入力モード

文字の入力方法を知ろう

日本語入力モードには、ローマ字で入力する**ローマ字入力**と、
ひらがなで入力する**かな入力**の２つの方法があります。
本書では、**ローマ字入力を使った方法**を解説します。

● ローマ字入力

ローマ字入力は、アルファベットのローマ字読みで
日本語を入力します。かなとローマ字を対応させた表を、
この本の裏表紙に掲載しています。

● かな入力

かな入力は、キーボードに書かれているひらがなの通りに
日本語を入力します。

第1章

1 エクセルの基本を学ぼう

この章で学ぶこと

- エクセルを起動できますか?
- エクセルの画面の名称がわかりますか?
- セルとはなにかわかりますか?
- ファイルを保存できますか?
- 保存したファイルを開けますか?

エクセルを起動しよう

アプリを使えるように準備することを起動といいます。
Windows 10でエクセルを起動して、新しいファイルを開きましょう。

操作　移動 ▶P.012　左クリック ▶P.013

1 「スタート」ボタンを左クリックします

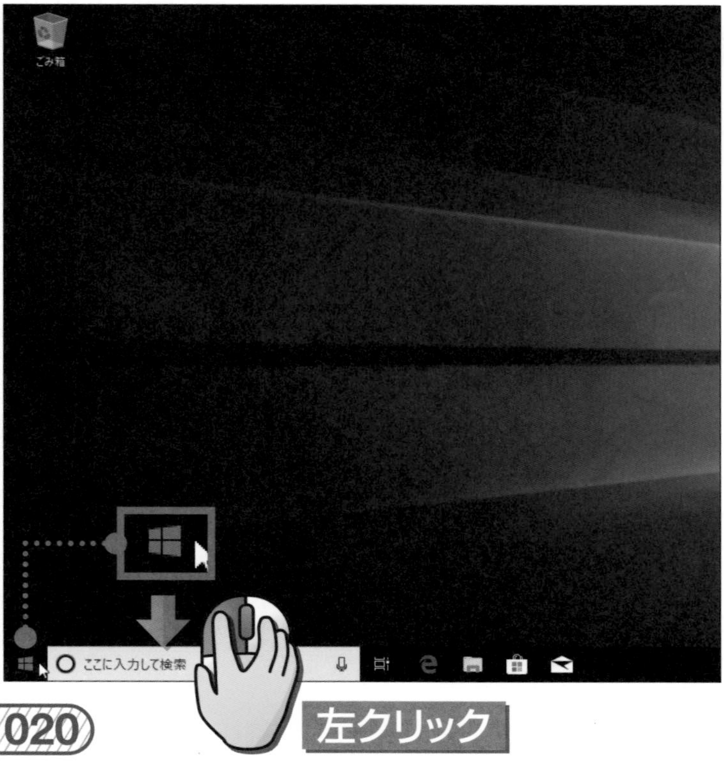

スタートボタン
画面左下の に

カーソル
を移動して、

左クリックします。

すべてのアプリの操作は、このボタンを左クリックするところから始まるよ！

2 アプリの一覧が表示されます

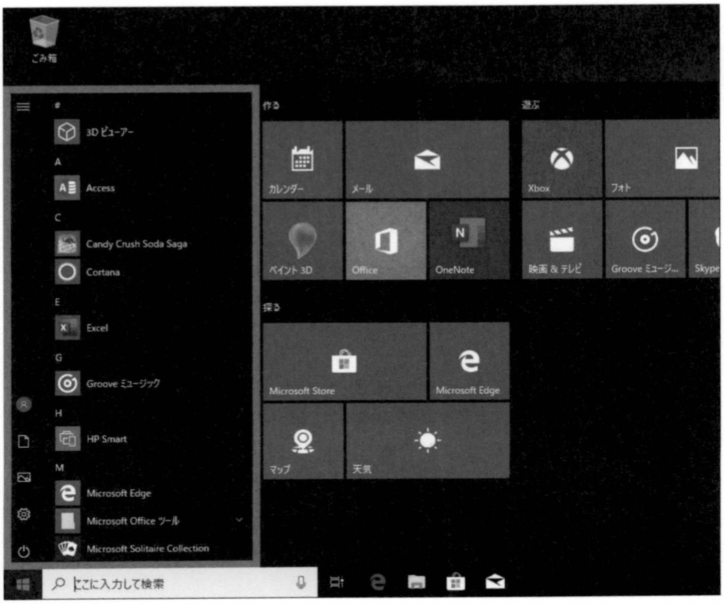

アプリの一覧が
表示されます。

3 エクセルを起動します

アプリの一覧から、

を

左クリックします。

ポイント！

アプリの一覧に見当たらないときは、マウスのホイールを回転して画面をスクロールします。

次へ >>>

4 エクセルが起動しました

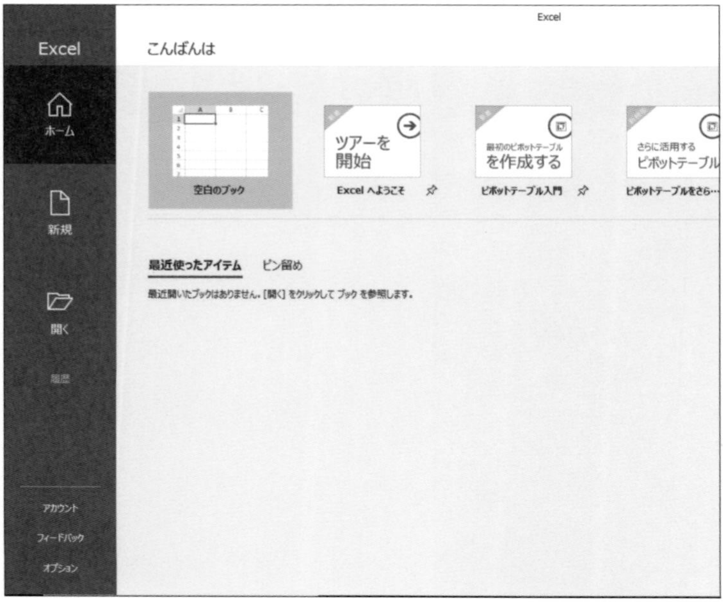

エクセルが起動します。

ポイント!

「ライセンス契約に同意します」と表示されたら、「同意する」を左クリックします。

5 新しいファイルを表示します

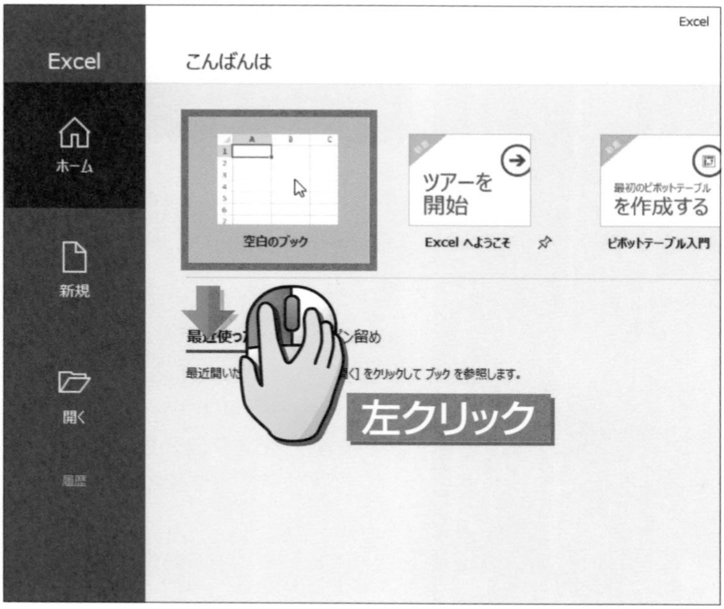

に

カーソル を移動して、

左クリックします。

6 新しいファイルが表示されました

新しいファイルが表示されます。
これでエクセルを使う準備ができました。

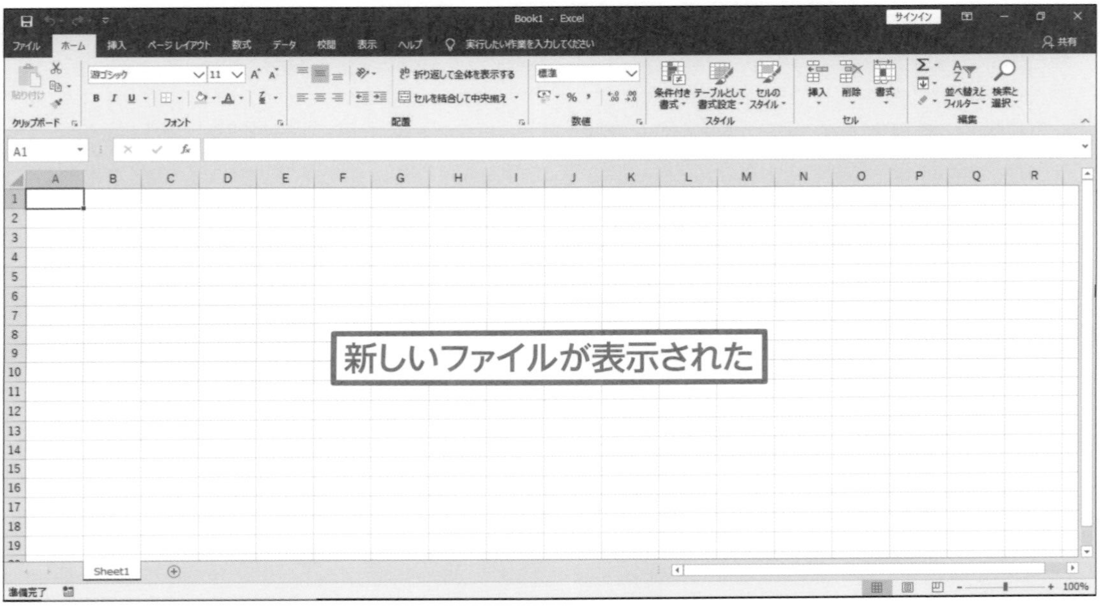

コラム エクセルのバージョンについて

エクセルには、いくつかの**バージョン**があります。
エクセルの新製品が発売されるたびに、バージョンの数字が新しくなります。
本書は、エクセルの**バージョン2019**の操作を紹介するものです。
お使いのエクセルのバージョンがエクセル2016や2013の場合は、本書とほぼ同じ操作ができますが、画面や機能の一部が異なる場合があります。

エクセルの画面を確認しよう

ここでは、エクセルの画面を構成している各部の名前と役割を確認しましょう。ここでの名称は、これ以降の解説にもでてきますので、覚えておいてください。

エクセルの画面

エクセルの画面は、次のようになっています。

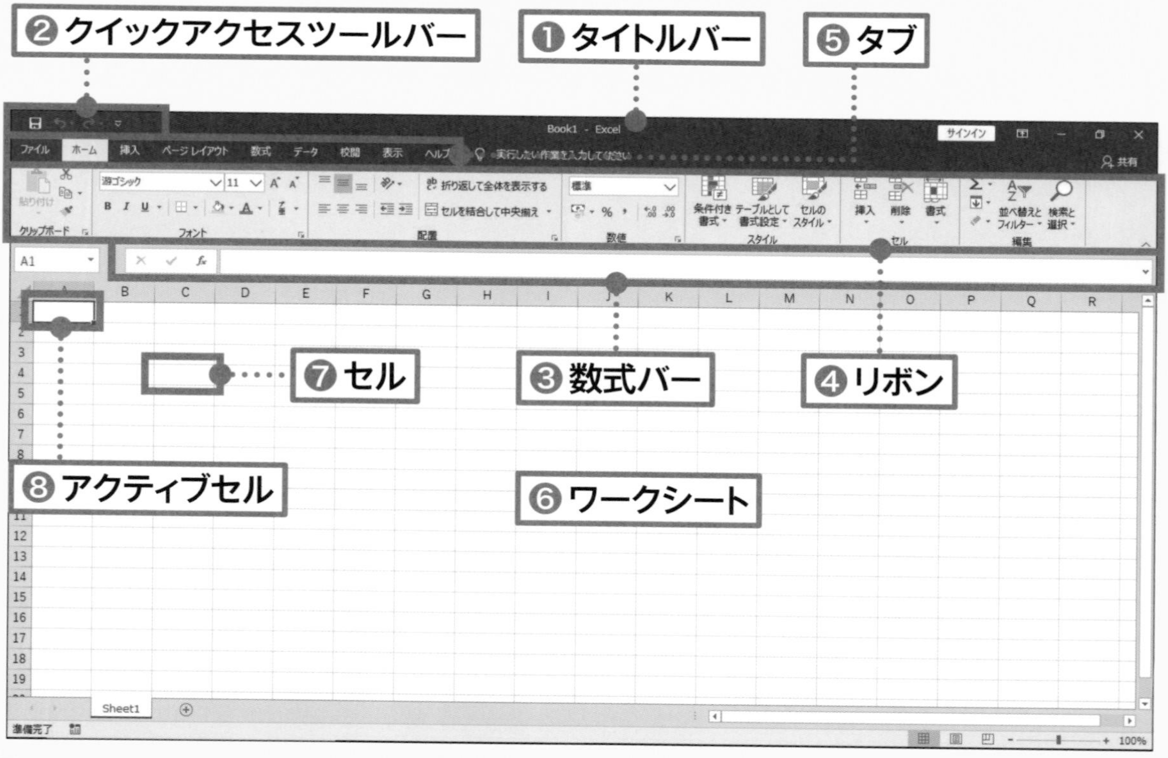

各部の役割

❶タイトルバー
現在開いているファイルの名前（ここではBook1）が表示されます。

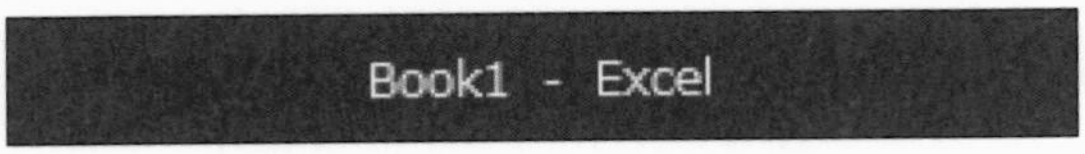

❷クイックアクセスツールバー
よく使うボタンが並んでいます。

❸数式バー
セルに入力したデータが表示されます。

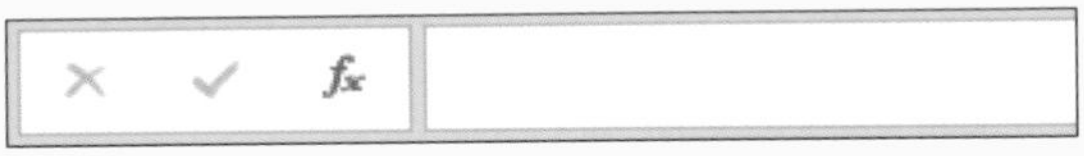

❹リボン／❺タブ
よく使う機能が、分類ごとにまとめられて並んでいます。タブを左クリックすると、リボンの内容が切り替わります。

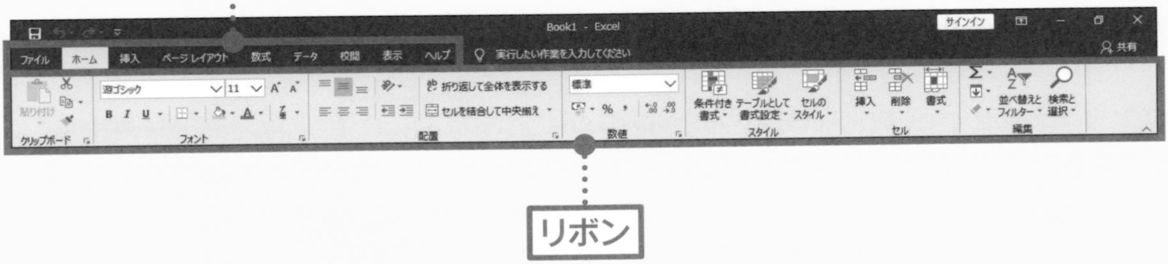

❻ワークシート
表やグラフを作る用紙です。

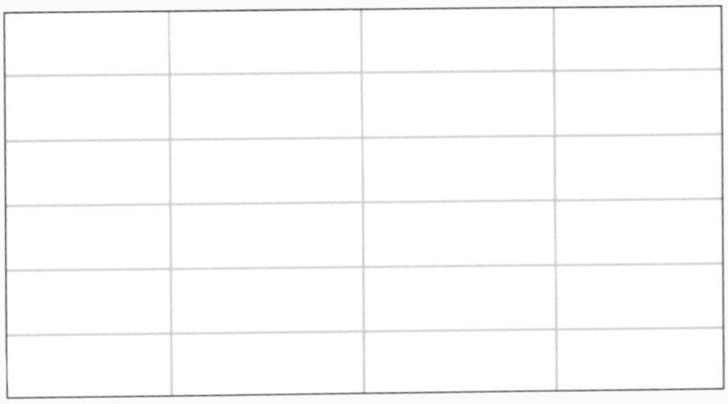

❼セル
データを入力するためのマス目です。

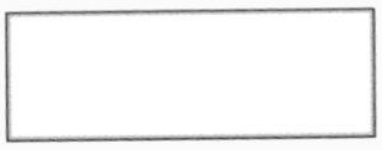

❽アクティブセル
選択されて、操作できる状態になっているセルです。セルの周りが太線で囲まれます。

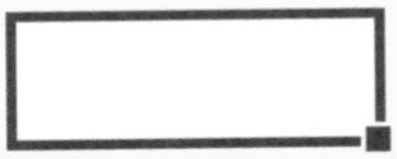

セルのしくみを理解しよう

エクセルでは、セルにデータを入力して表を作成します。
ここでは、エクセル操作の基本であるセルのしくみを確認しましょう。

セルってなに?

エクセルのワークシートには、たくさんのマス目があります。
このマス目のことを**セル**と呼びます。
セルを区別するために、**列の英字**と**行の数字**を組み合わせて「B2」セルや「A3」セルなどと呼びます。
これを**セル番地**といいます。

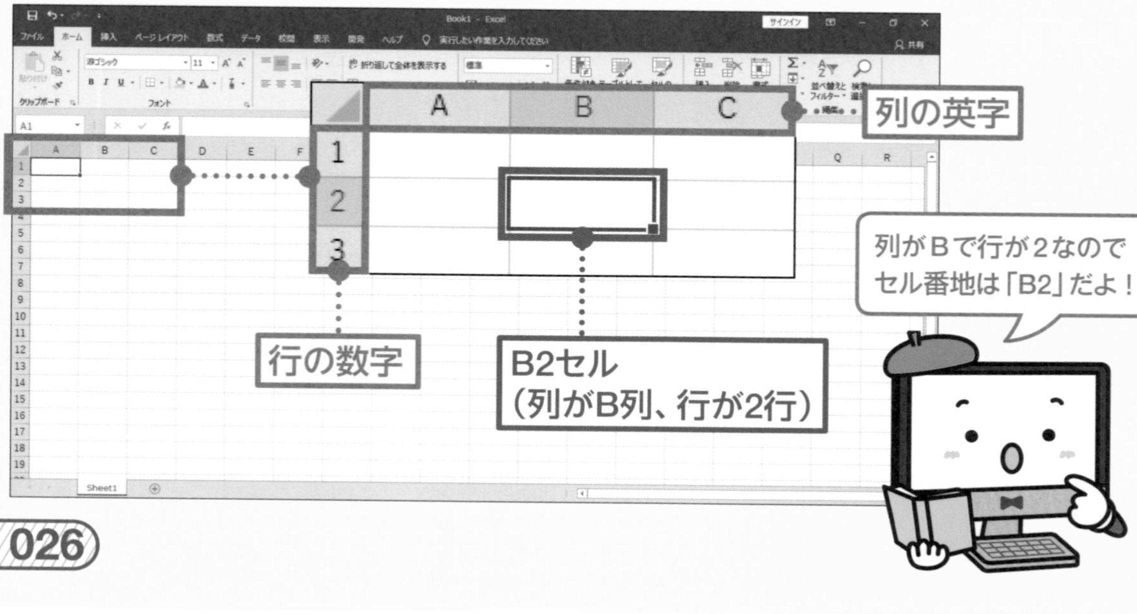

セルのしくみ その1

セルのマス目に数字や文字を入れると、**そのまま表示**されます。

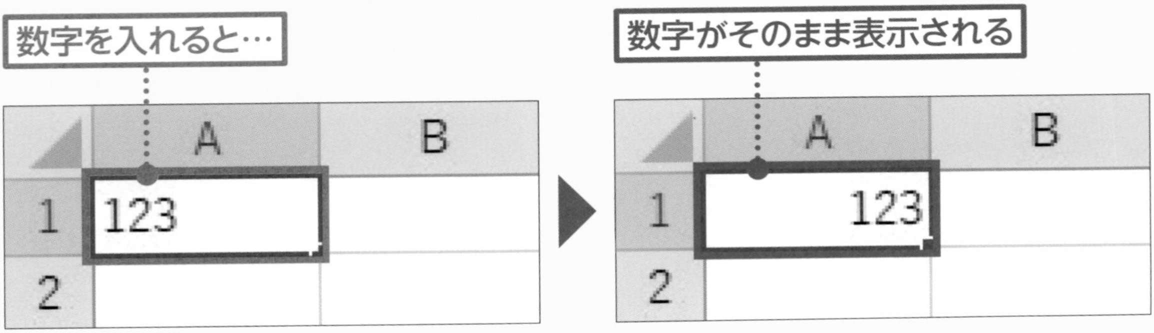

数字を入れると…
数字がそのまま表示される
A
B
1
2
123
A
B
1
2
123

セルの中に計算式を入れると、
エクセルが計算を実行して**計算結果が表示**されます。

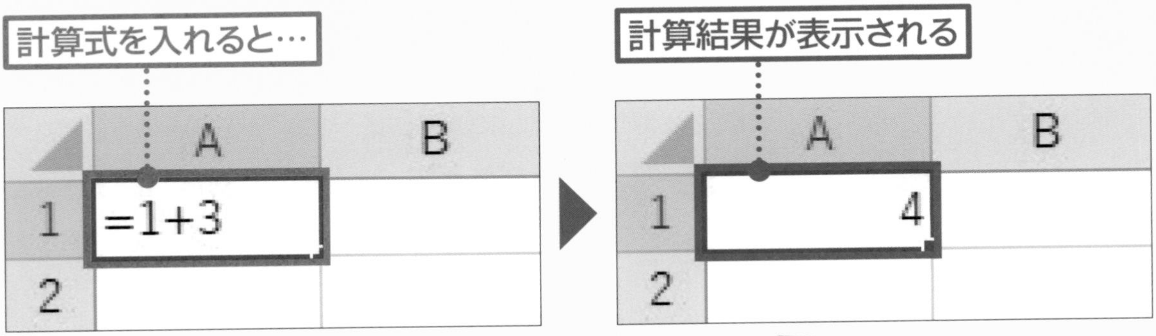

計算式を入れると…
計算結果が表示される
A
B
1
2
=1+3
A
B
1
2
4

エクセルで計算を行う方法は、
128ページ以降で解説します！

セルのしくみ その2

下の図のように、セルに「1000」というデータを入力し、
「¥マークと3桁ごとのカンマをつけなさい」という**書式を設定**します。
すると、「1000」に「¥」と「,」の書式が加わって、
「¥1,000」と表示されます。
¥マークやカンマのように、
データの見せ方を設定する命令のことを**書式**と呼びます。

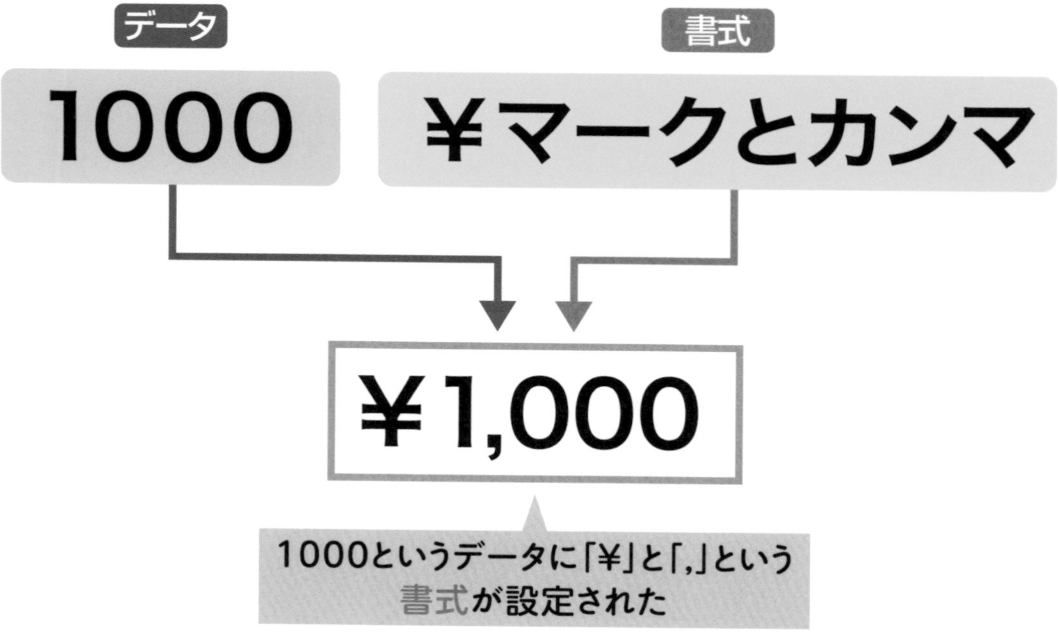

データ
書式
1000
¥マークとカンマ
¥1,000
1000というデータに「¥」と「,」という
書式が設定された

書式を設定しないと、ただの
「1000」と表示されるよ！

ワークシートとブック

ワークシート

たくさんのセルが集まった１枚の用紙を、ワークシートと呼びます。
ワークシートを使って、計算や表の作成を行います。

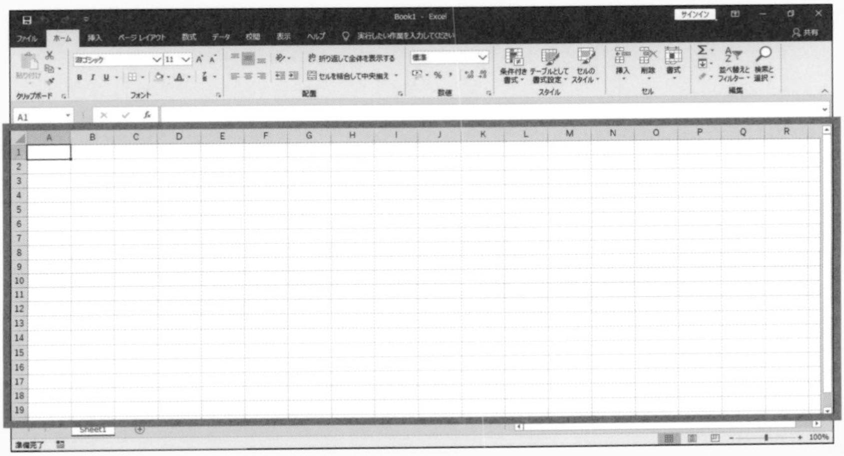

ブック

エクセルでは、ファイルのことをブックと呼びます。
ブックには、複数のワークシートを集めることができます。
それぞれのワークシートには、名前がついていて区別できます。

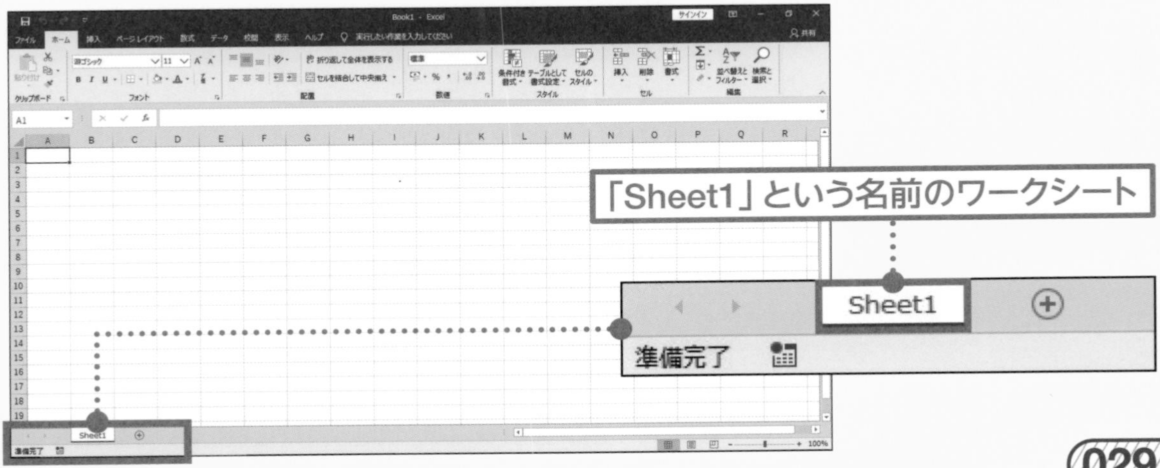

表を作る手順を知ろう

エクセルで表を作る方法はいろいろあります。
ここでは、効率よく表を作成する手順を知りましょう。

手順❶　文字やデータを入力します

最初に、表のタイトルや項目名、計算に使う数値などのデータをまとめて入力します。

	A	B	C	D	E	F
1	成績表					
2						
3	氏名	国語	英語	数学	合計	
4	山本真一	82	68	76		
5	加瀬由香	95	80	84		
6	宮本正雄	72	85	90		
7						

タイトルと氏名、科目、点数などを入力します

手順❷　計算式を入力します

必要に応じて**計算式を入力**して、計算結果を表示します。

	A	B	C	D	E	F
1	成績表					
2						
3	氏名	国語	英語	数学	合計	
4	山本真一	82	68	76	226	
5	加瀬由香	95	80	84	259	
6	宮本正雄	72	85	90	247	
7						

3科目の合計を求める計算式を入力します

手順❸　表の見た目を整えます

最後に、文字の大きさや配置を変更したり、表に罫線を引くなどの**書式を設定**して、表の見た目を整えます。

	A	B	C	D	E	F
1	成績表					
2						
3	氏名	国語	英語	数学	合計	
4	山本真一	82	68	76	226	
5	加瀬由香	95	80	84	259	
6	宮本正雄	72	85	90	247	
7						

タイトルの文字のサイズを大きくします

3行目の文字をセルの中央に配置します

表全体に格子の罫線を引きます

ファイル(ブック)を保存しよう

あとでなんどでも利用できるように、ファイルには名前をつけて保存しましょう。
エクセルでは、ファイルのことをブックと呼びます。

操作　移動 ▶P.012　左クリック ▶P.013　入力 ▶P.015

1 ファイルを保存する準備をします

上書き保存 に

カーソル を移動して、

左クリックします。

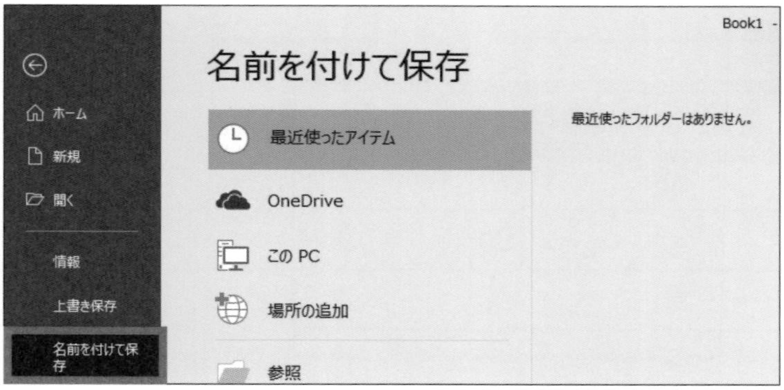

名前を付けて保存 が

選択されていることを

確認します。

2 保存先を選ぶ画面を表示します

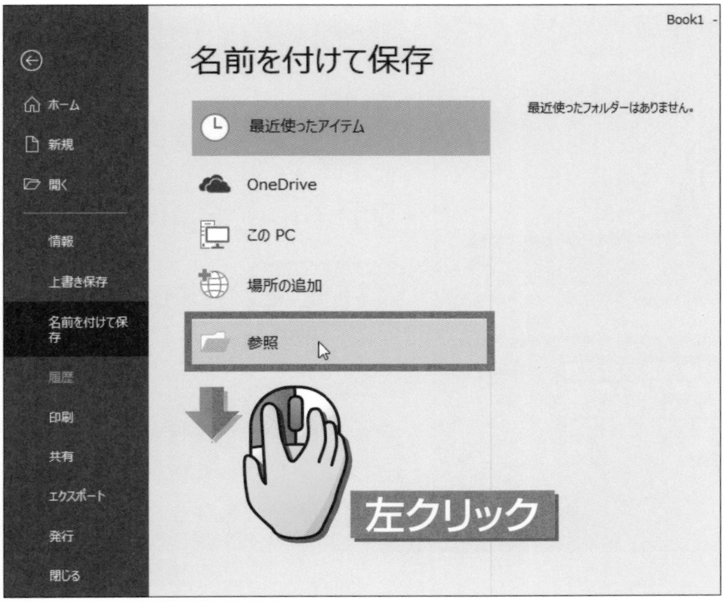

参照 に

カーソル を移動して、

左クリックします。

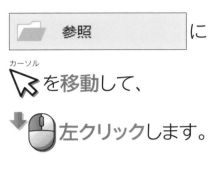

3 ファイルの保存先を選びます

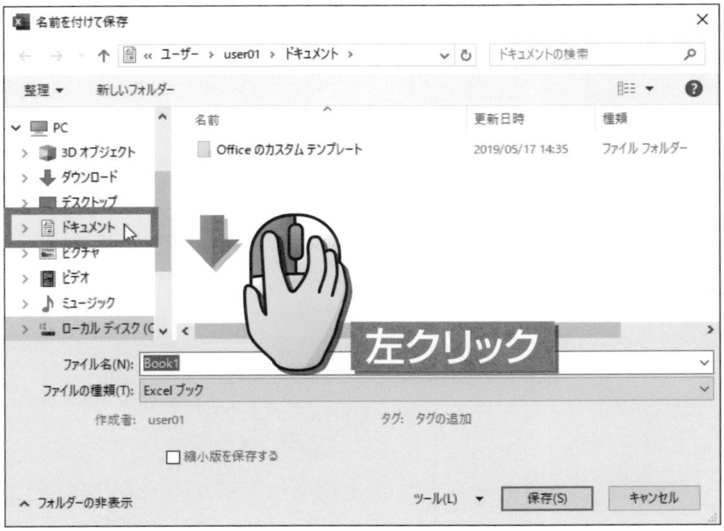

ドキュメント を

左クリックします。

ポイント!

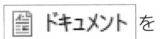

ドキュメント が見つからない場合はマウスのホイールを回転させ、画面をスクロールして探します。

次へ >>>

4 ファイル名を入力します

ファイル名(N): の Book1 を

左クリックして、

ファイルの名前を

入力します。

ポイント!

ここでは、「住所録」という名前を入力します。

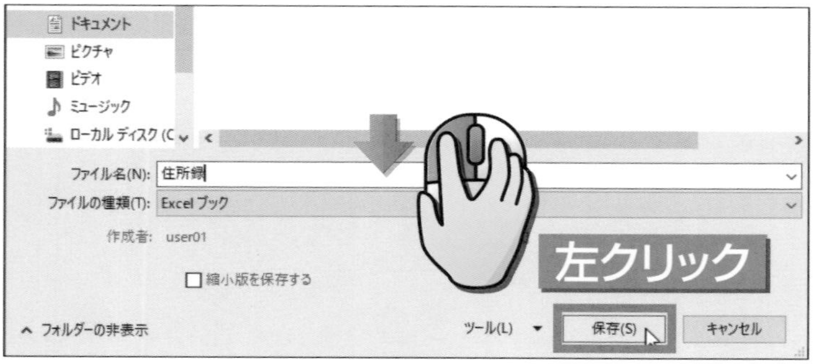

保存(S) を

左クリックします。

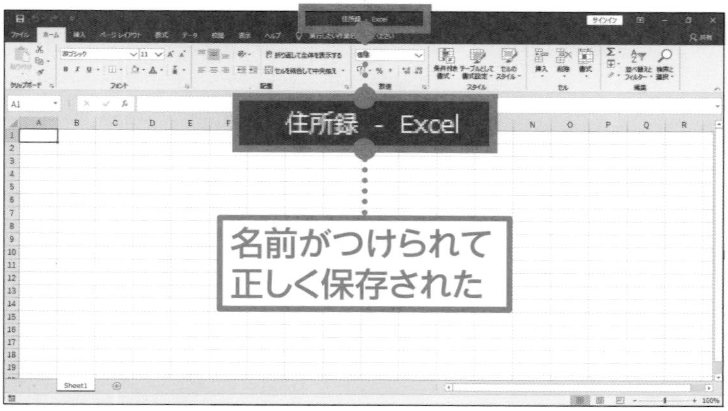

タイトルバーに、
つけた名前が
表示されます。

ポイント!

「上書きしますか?」と聞かれた場合は、「いいえ」を左クリックして、「住所録」以外の名前で保存しましょう。

コラム 保存画面が表示されないときもある

32ページの手順 1 で 💾 を左クリックしても、

保存画面が毎回表示されるわけではありません。

ファイルを一度保存すると、次回からは

💾 を左クリックするだけで、

修正した内容を保存することができます（上書き保存）。

この場合、ファイル名を入力する保存画面は表示されません。
詳しい操作は、56ページを参照してください。

● はじめて保存する場合　新規保存

💾 ▶

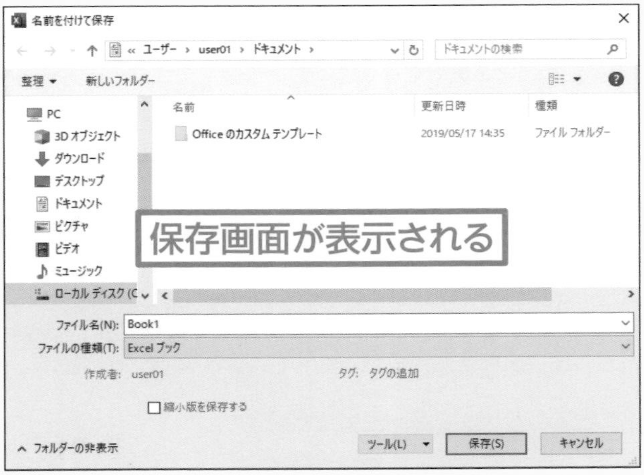

▶ 新しいファイルが保存される

● 2回目以降に保存する場合　上書き保存

💾 ▶ 保存画面は表示されない ▶ 最新の内容に更新されて保存される

エクセルを終了しよう

ファイルを保存してエクセルを使い終わったら、エクセルを終了します。
正しい操作でエクセルを終了しましょう。

操作 移動 ▶P.012 左クリック ▶P.013

1 エクセルを終了します

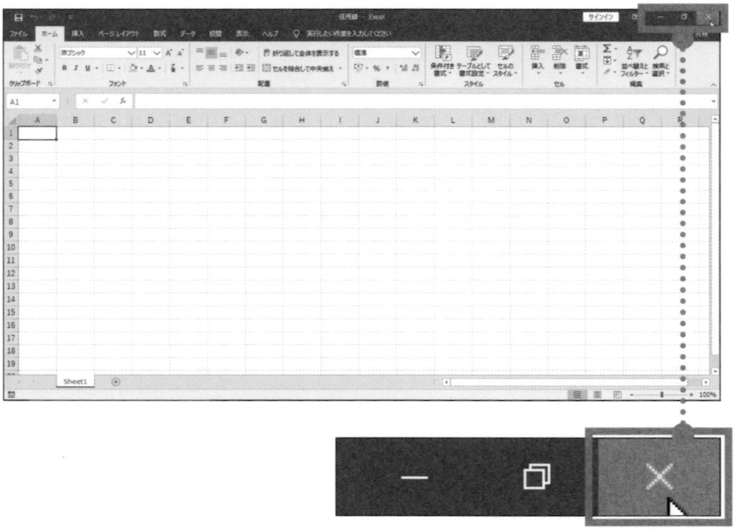

画面右上の 閉じる ✕ に カーソル を移動して、左クリックします。

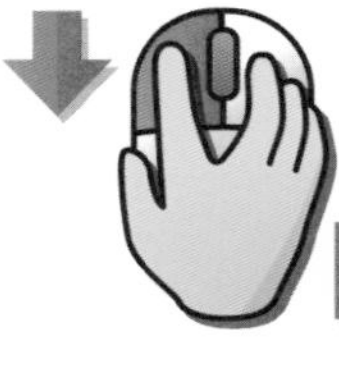

2 メッセージが表示されたときは

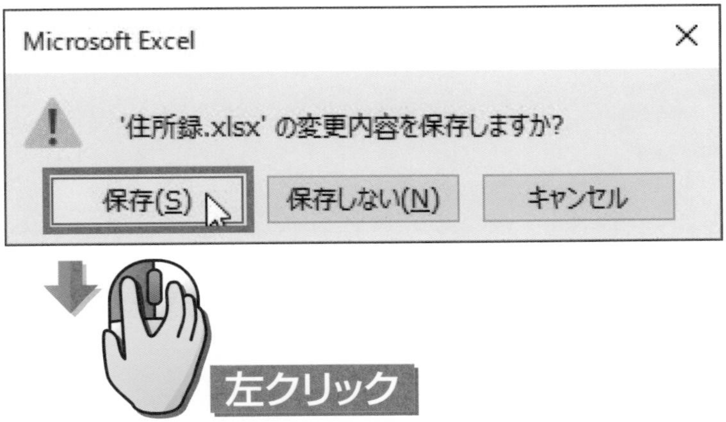

左の画面が
表示されたら、
保存(S) を
左クリックします。

ポイント!
左の画面が表示されないときは、そのまま次の手順に進みます。

3 エクセルが終了しました

エクセルの画面が閉じて、デスクトップが表示されます。

保存したファイルを開こう

32ページで保存した「住所録」のファイルを開きます。
過去に開いたファイルは、一覧から選ぶだけでかんたんに開けます。

操作　移動 ▶P.012　左クリック ▶P.013

1 ファイルを開く準備をします

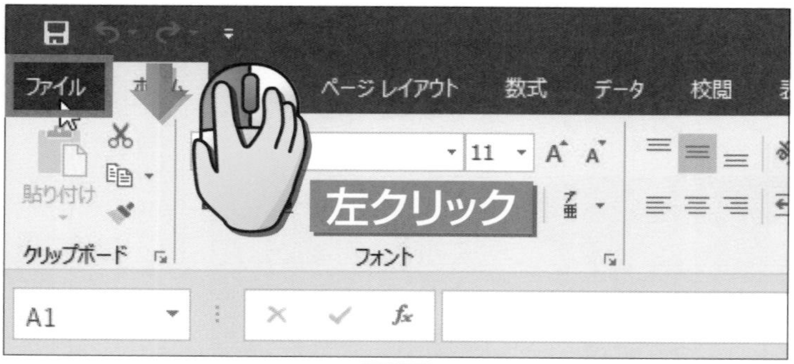

20ページの方法で、
エクセルを起動します。

ファイル を

左クリックします。

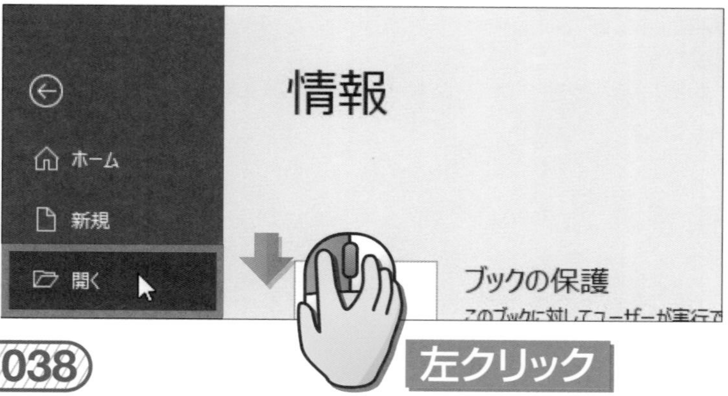

開く に

カーソルを移動して、

左クリックします。

2 ファイルを左クリックします

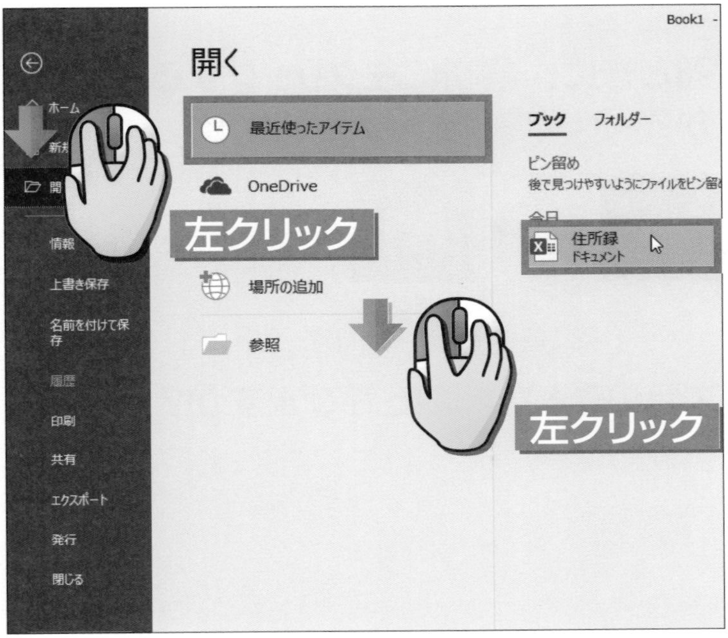

最近使ったアイテム を

左クリックします。

住所録 ドキュメント を

左クリックします。

住所録 ドキュメント が見つからない場合は、20ページの方法でファイルを新しく作成し、32ページの方法で保存をやり直してください！

3 ファイルが表示されます

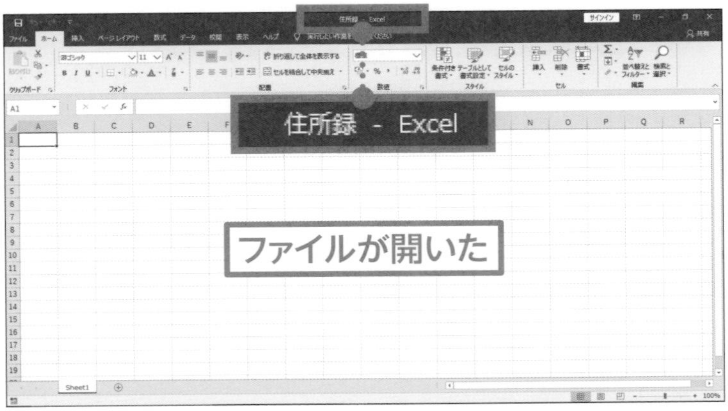

「住所録」のファイルが開きました。

36ページの方法で、エクセルを終了します。

第１章　練習問題

1

エクセルを起動するときに、最初に左クリックするボタンはどれですか？

❶ 　❷ 　❸ 

2

ワークシートのマス目のことをなんと呼びますか？

❶ リボン
❷ ブック
❸ セル

3

エクセルを終了するときに左クリックするボタンはどれですか？

❶ 　❷ 　❸ 

4

エクセルでは、ファイルのことをなんと呼びますか？

❶ ワークシート
❷ ドック
❸ ブック

第2章

2 データを入力しよう

この章で学ぶこと

- 氏名を入力できますか?
- 住所を入力できますか?
- 郵便番号を入力できますか?
- メールアドレスを入力できますか?
- 修正したファイルを保存できますか?

この章でやること～データの入力

この章では、エクセルのセルに、数字や文字のデータを入力する方法を覚えましょう。
入力するデータの種類によって、表示のされ方が異なります。

セルにデータを入力するには

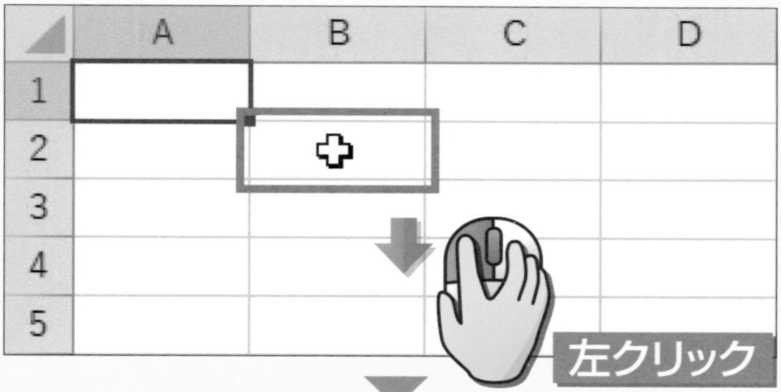

A
B
C
D
1
2
3
4
5
左クリック

セルにデータを入力するには、入力したいセル（ここではB2セル）を左クリックします。

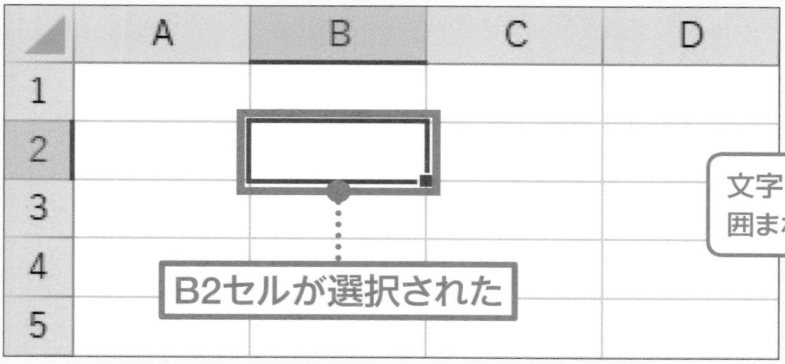

A
B
C
D
1
2
3
4
5
B2セルが選択された

セルが選択されて、**太い枠線**で囲まれます。

文字や数字は、太い枠線で
囲まれたセルに入力されます！

セルに数字を入力すると…

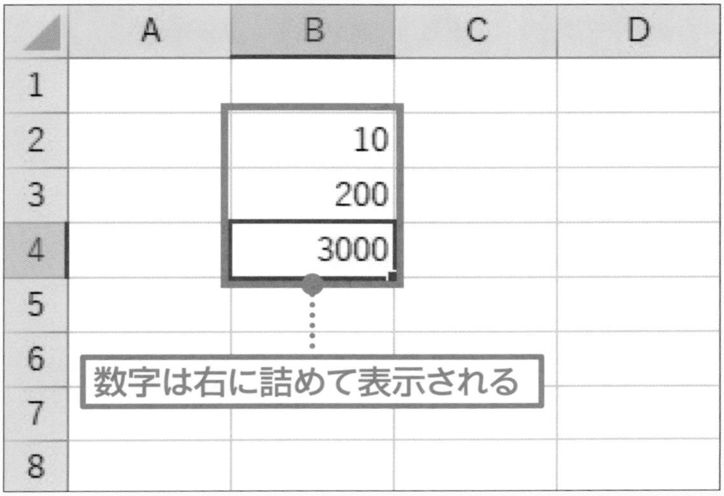

セルに**数字**を
入力すると、
右側に詰めて
表示されます。

セルに文字を入力すると…

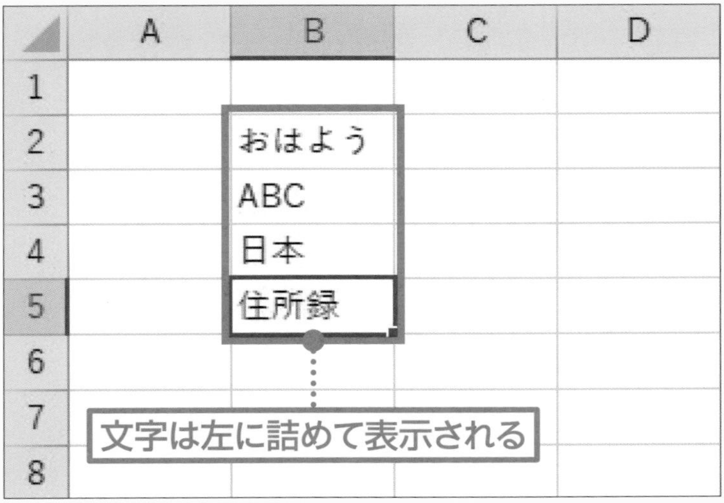

セルに**文字**を
入力すると、
左側に詰めて
表示されます。

数字は、桁を揃えるために
自動的に右詰めになります。
文字は、読みやすいように
自動的に左詰めになります。

項目名を入力しよう～漢字の入力

漢字を入力するには、最初にひらがなで読みを入力します。
そのあと、スペースキーを押して漢字に変換します。

操作　移動 ▶P.012　左クリック ▶P.013　入力 ▶P.015

1 A1セルを選択します

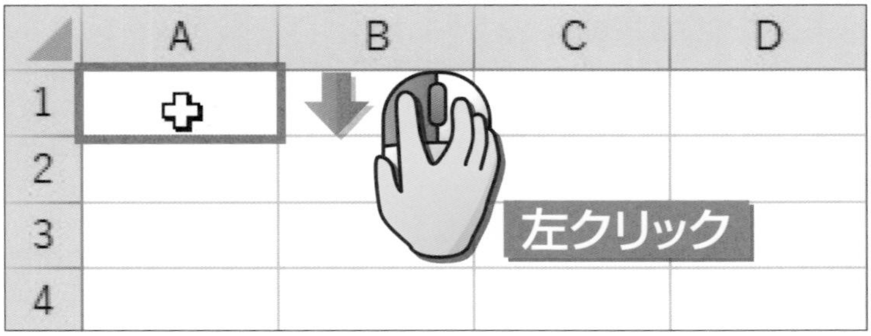

38ページの方法で、「住所録」を開きます。

A1セルを左クリックします。

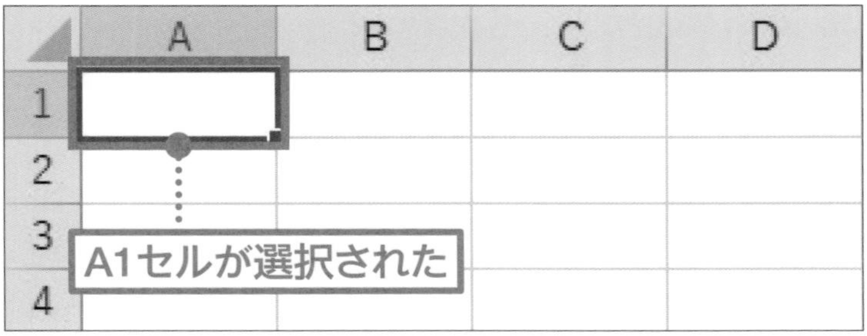

A1セルが選択され、太い枠線で囲まれました。

2 入力モードを確認します

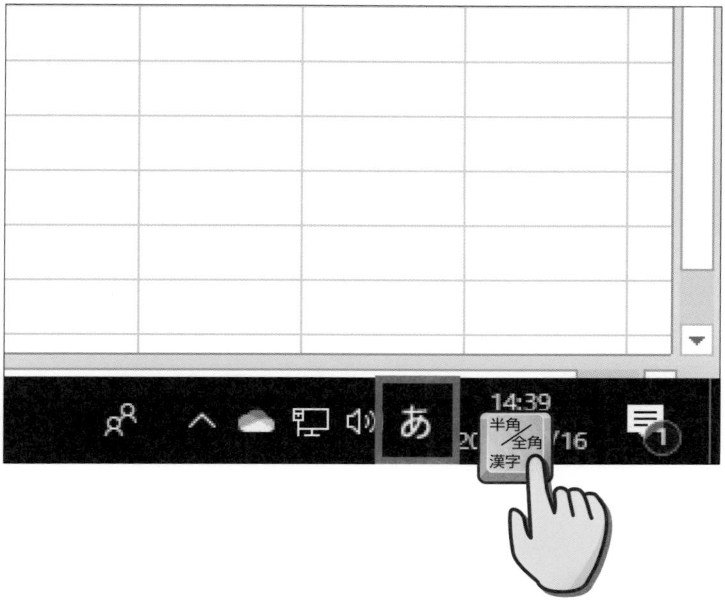

半角／全角 キーを押して、入力モードアイコンを A から あ に切り替えます。

3 タイトルの文字を入力します

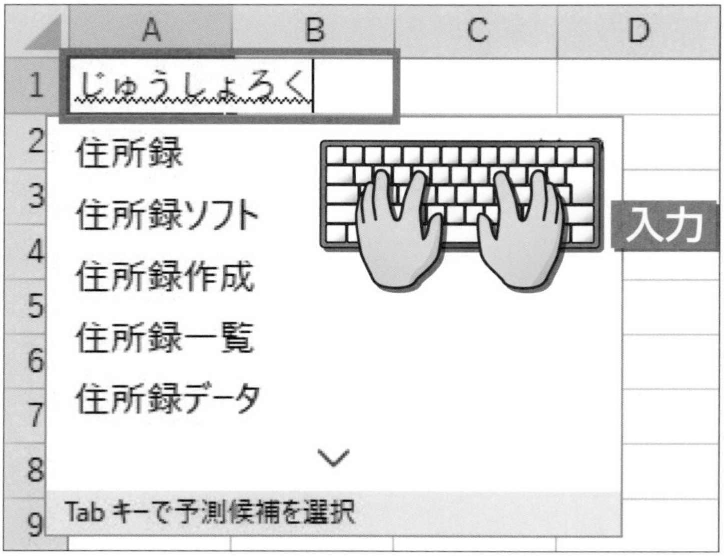

キーボードで「じゅうしょろく」と入力します。

次へ >>>

4 文字を変換します

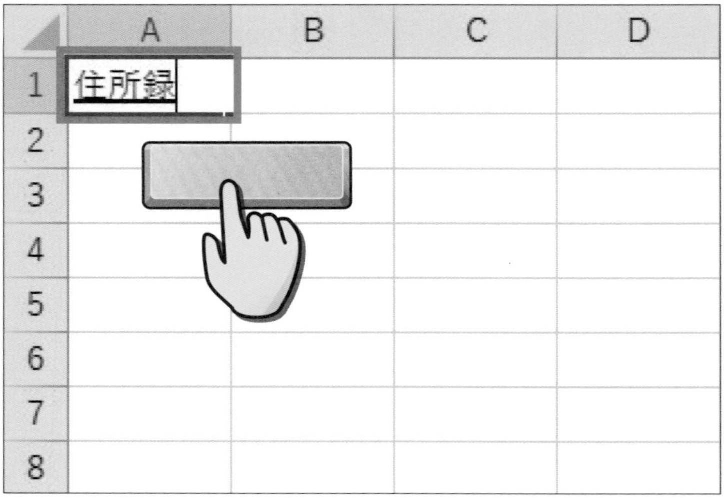

スペース キーを押して、

「住所録」に変換します。

ポイント!

目的の漢字に変換されない場合は、その漢字が表示されるまで、スペース キーを押します。

5 文字を確定します

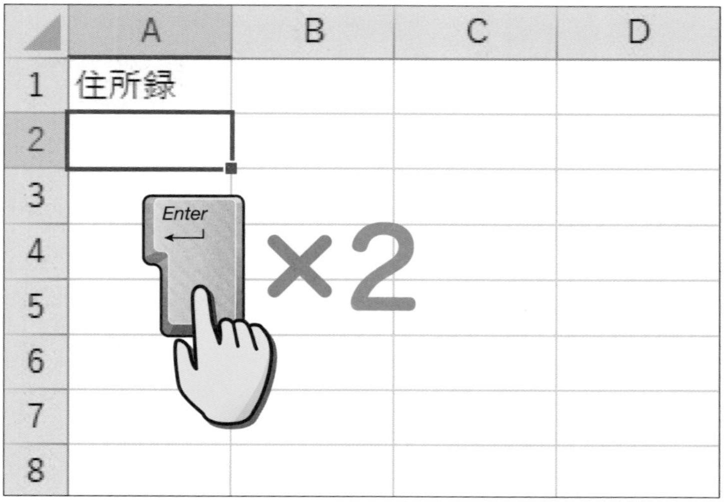

エンター Enter キーを押して、

文字を確定します。

もう一度

エンター Enter キーを押すと、

文字がセルに入ります。

6 項目を入力します

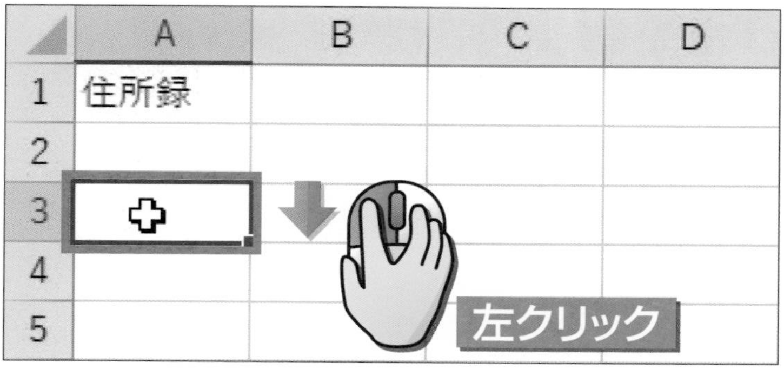

A3セルに

カーソルを移動して、

左クリックします。

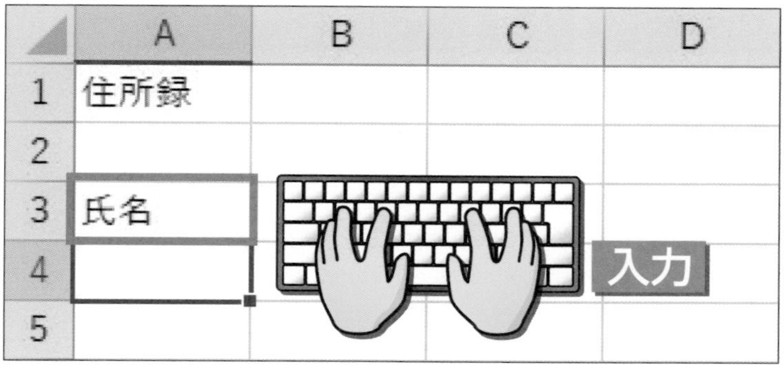

「氏名」と

入力します。

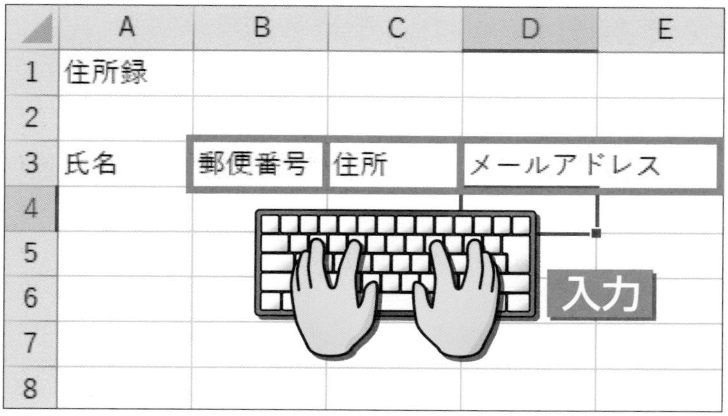

同様の操作で、
B3セルに「郵便番号」
C3セルに「住所」
D3セルに
「メールアドレス」と

入力します。

住所録のデータを入力しよう

住所録の１件目のデータを入力しましょう。
ここでは、氏名と住所のデータを入力します。

操作
移動 ▶P.012
左クリック ▶P.013
入力 ▶P.015

1 「氏名」のデータを入力します

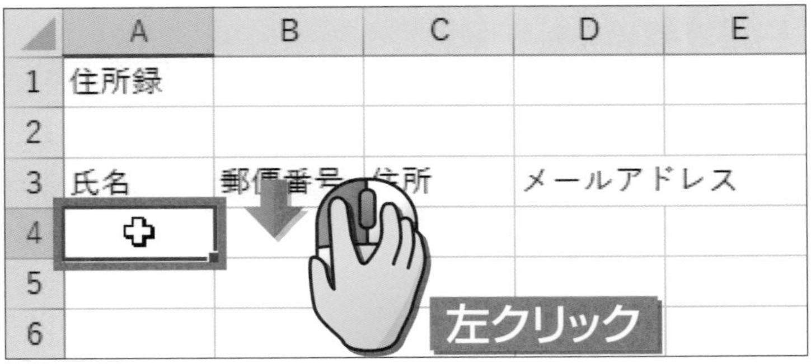

A4セルに
カーソル
を移動して、
左クリックします。

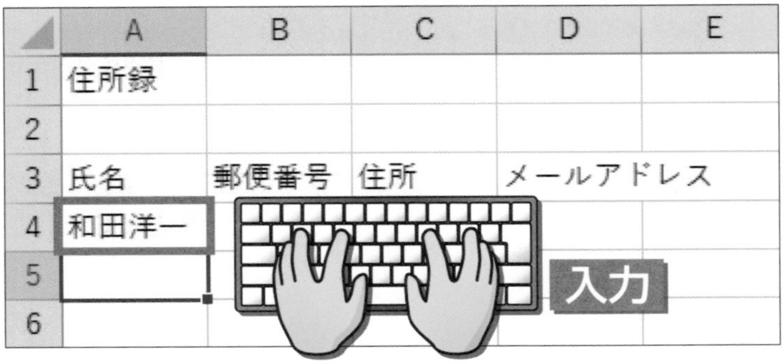

住所録に
登録したい人の氏名を
入力します。

2 「住所」を入力します

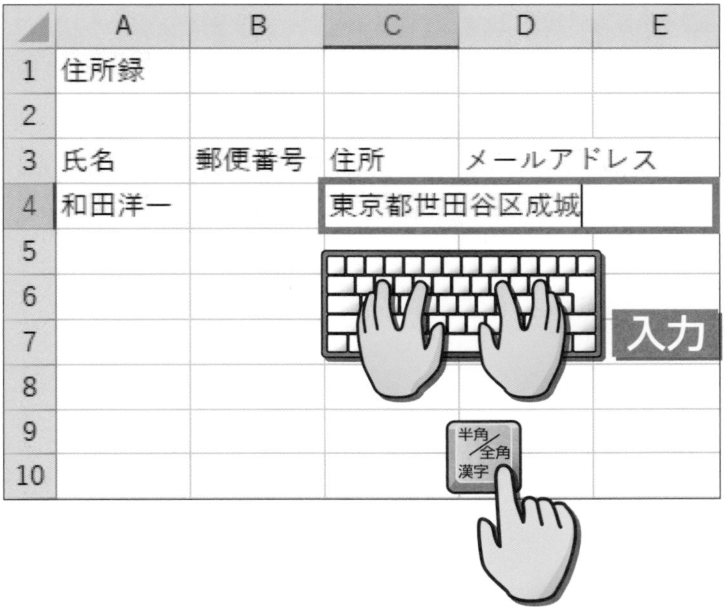

C4セルを

左クリックします。

住所を

入力します。

半角／全角

キーを押して、

あ から A に

切り替えます。

3 「番地」を入力します

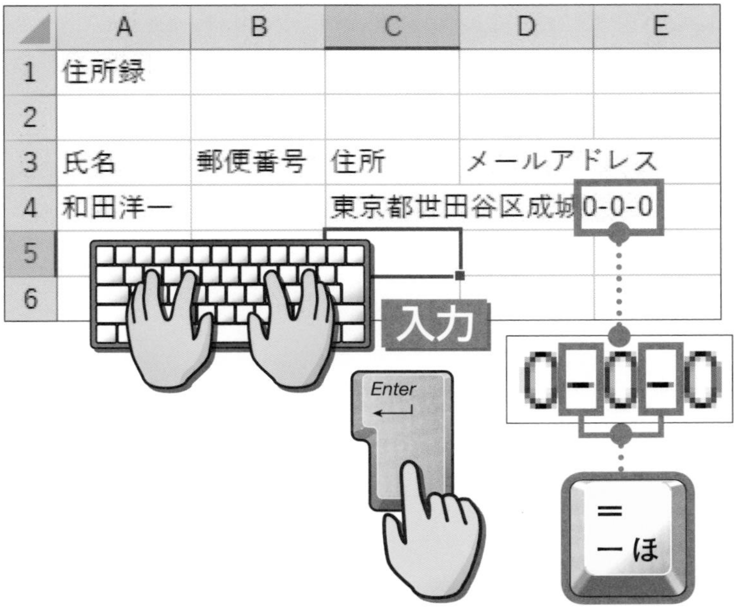

番地を「-」（ハイフン）で

区切って

入力します。

エンター

キーを押します。

郵便番号を入力しよう～数字の入力

住所録の１件目のデータの郵便番号を入力します。
郵便番号７桁をハイフン (-) で区切って入力します。

1 B4セルを選択します

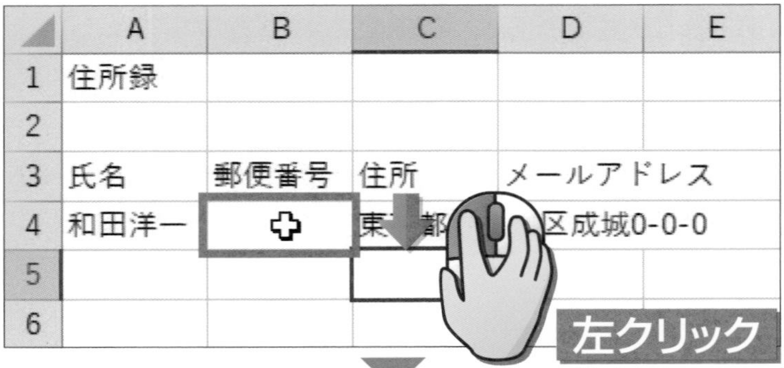

B4セルに
カーソル を移動して、
左クリックします。

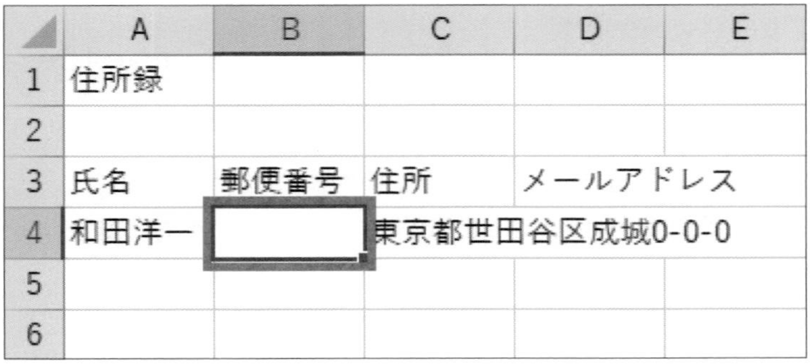

B4セルが選択され、
太い枠線で
囲まれました。

2 入力モードを切り替えます

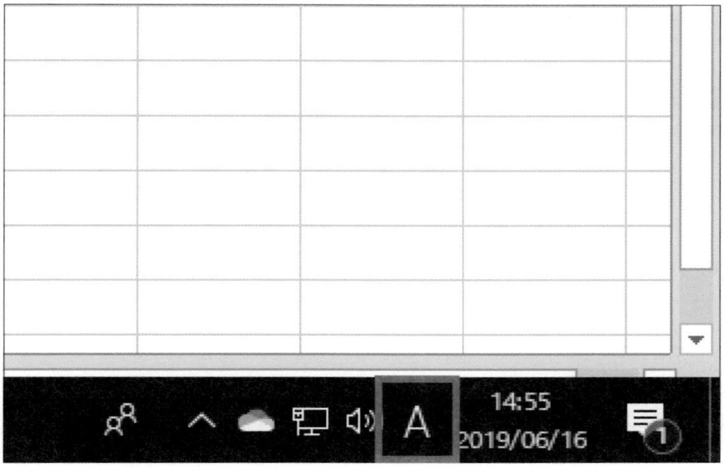

入力モードアイコンが A になっていることを確認します。

ポイント！

あ が表示されているときは、半角/全角キーを押して A に切り替えます。

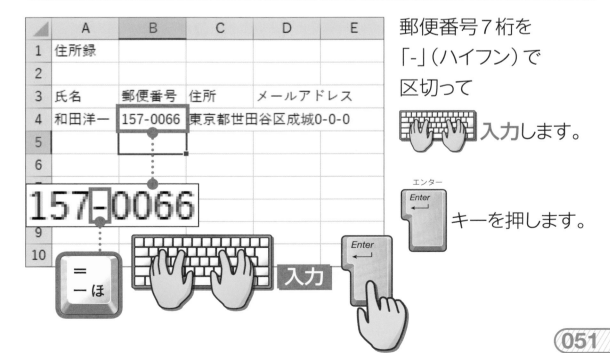

3 郵便番号を入力します

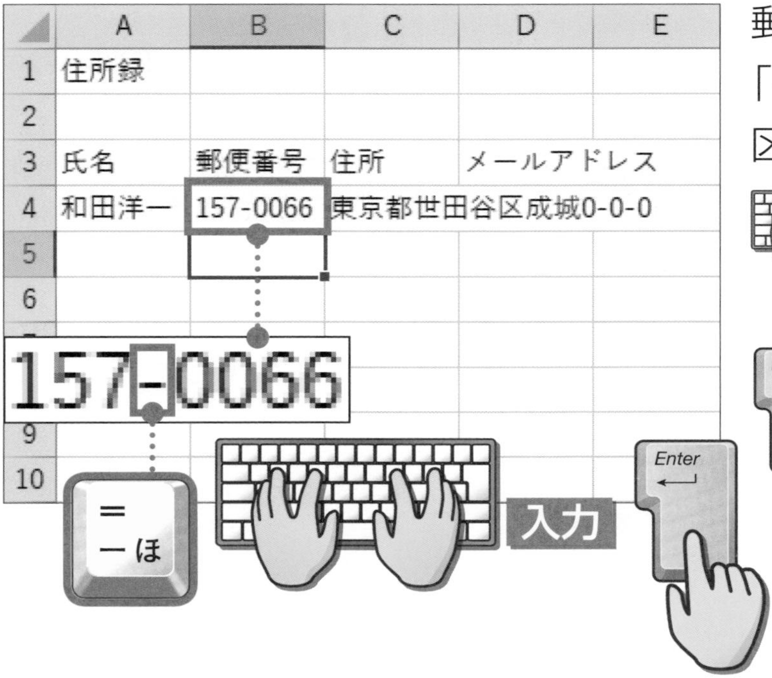
A B C D E
1 住所録
2
3 氏名 郵便番号 住所 メールアドレス
4 和田洋一 157-0066 東京都世田谷区成城0-0-0
5
6
9
10
157-0066
=
ー ほ
入力
Enter

郵便番号7桁を「-」(ハイフン)で区切って入力します。

Enter(エンター)キーを押します。

メールアドレスを入力しよう ～英字と記号の入力

住所録の1件目のデータのメールアドレスを入力します。
アルファベットや記号の入力方法を学びましょう。

操作　移動 ▶P.012　左クリック ▶P.013　入力 ▶P.015

1 D4セルを選択します

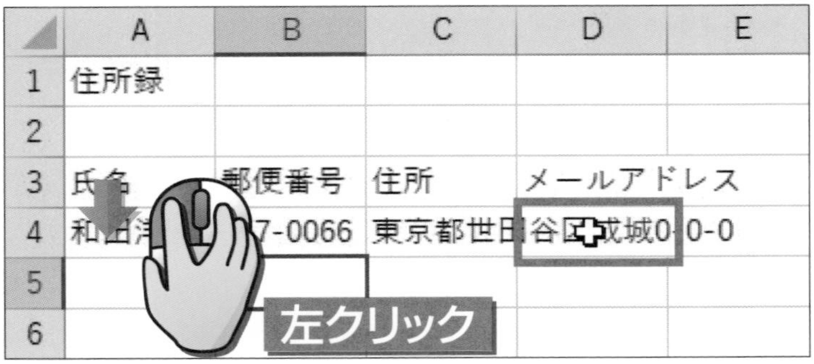

D4セルに
カーソル を移動して、
左クリックします。

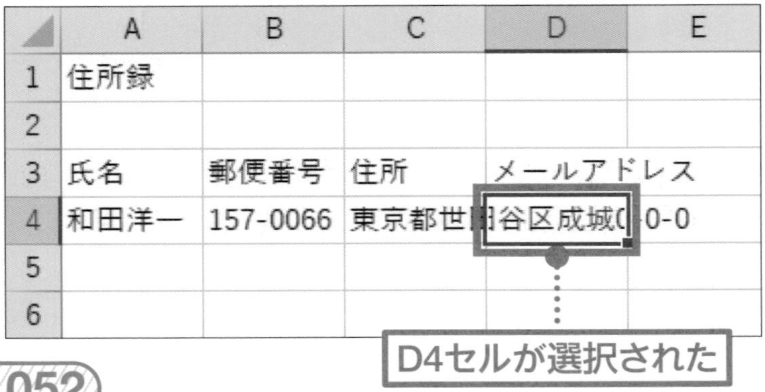

D4セルが
選択されました。

ポイント！

C4セルの住所が、D4セルまではみだして表示されていますが、ここでは気にしないでください。

2 入力モードを切り替えます

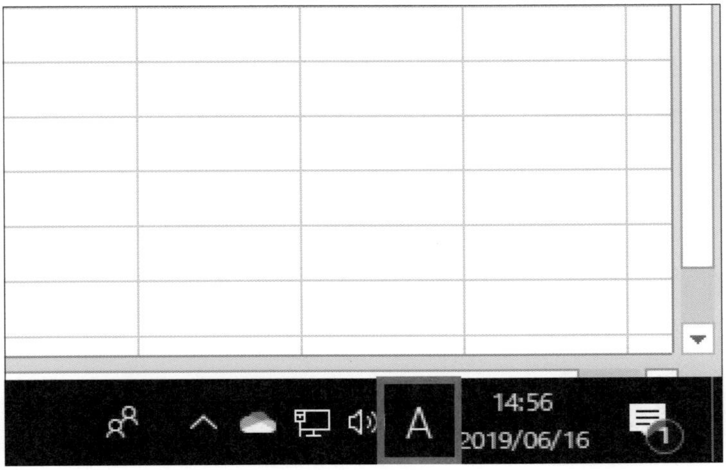

入力モードアイコンが

A になっていることを

確認します。

ポイント！

あ が表示されているときは、半角/全角キーを押して A に切り替えます。

3 英字を入力します

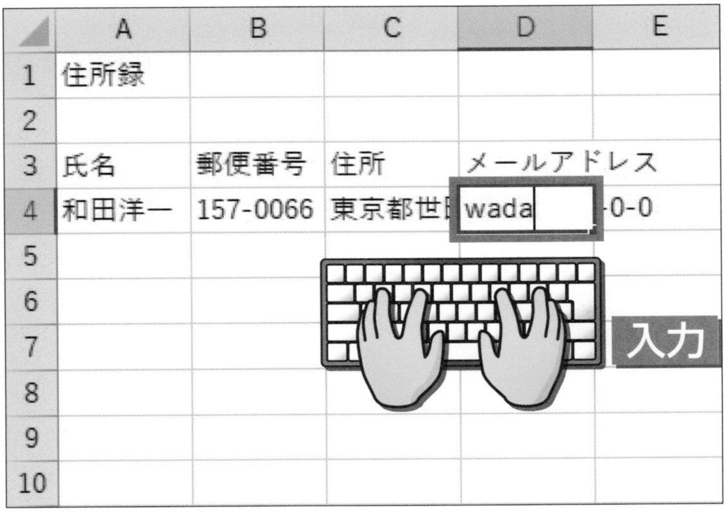

入力したい

メールアドレスの、

名前の部分を

入力します。

次へ >>>

4 記号を入力します

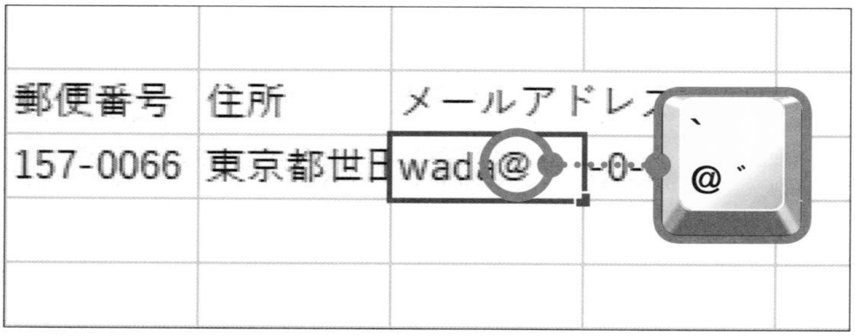

(アットマーク) キーを押します。

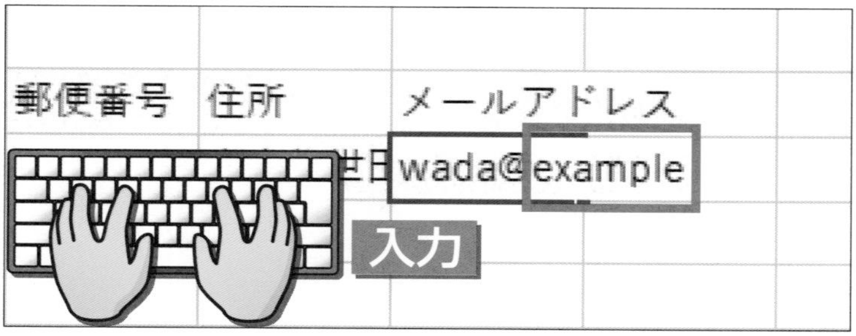

続きの文字を入力します。

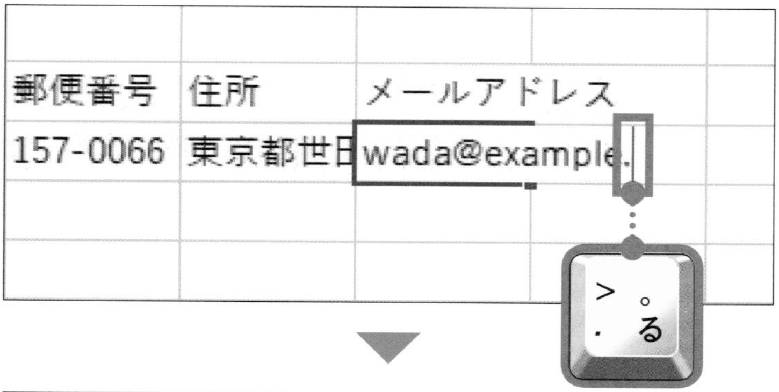

(ドット) キーを押します。

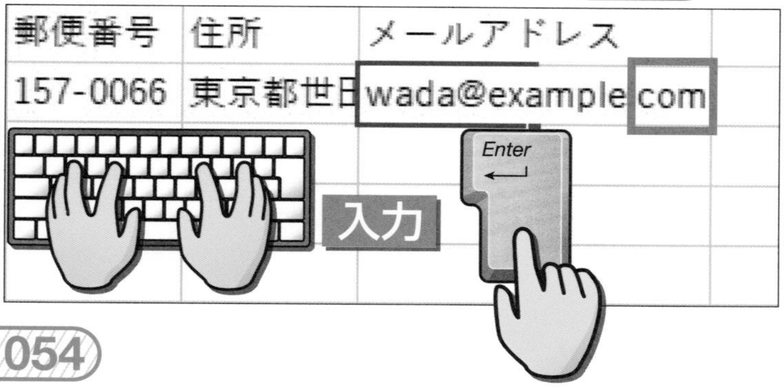

残りの文字を入力します。

エンター
Enter キーを押します。

5 メールアドレスが入力できました

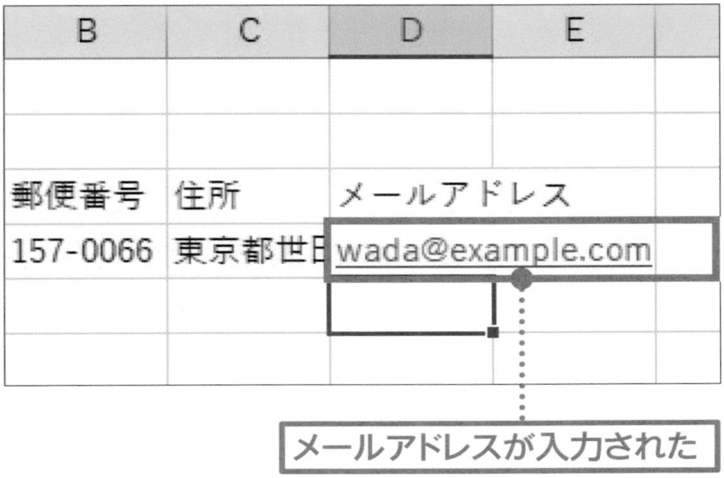

1件目の
メールアドレスが
入力できました。

ポイント!

メールアドレスを入力すると、青文字に変わります。左クリックすると、メールソフトが起動します。

6 2件目以降のデータを入力します

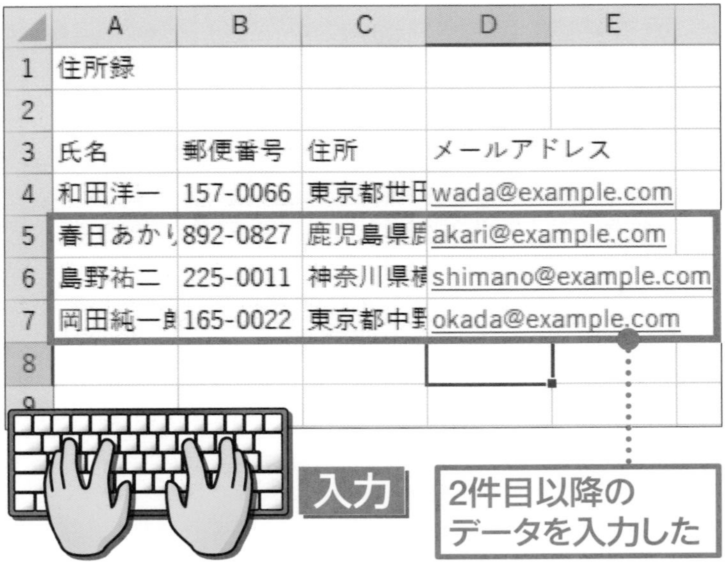

残りのデータを

入力します。

ここでは、
以下のデータを

入力して
います。

春日あかり	892-0827	鹿児島県鹿児島市中町0-0-0	akari@example.com
島野祐二	225-0011	神奈川県横浜市青葉区あざみ野0-0-0	shimano@example.com
岡田純一郎	165-0022	東京都中野区江古田0-0-0	okada@example.com

修正した住所録を保存しよう

データが入力できたら、「住所録」のファイルを保存し直します。
ファイルの上書き保存はこまめに行いましょう。

操作　移動 ▶P.012　左クリック ▶P.013

1 住所録を保存します

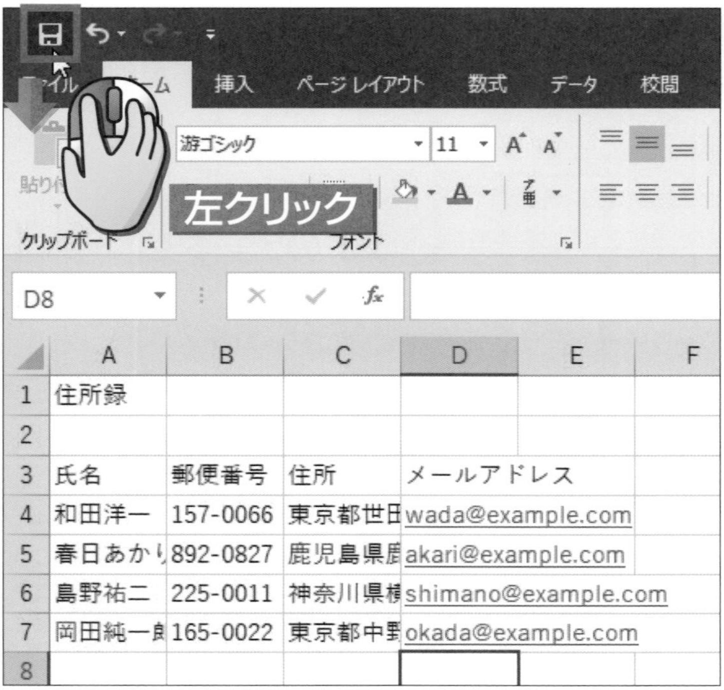

上書き保存に

カーソルを移動して、

左クリックします。

これで「住所録」が
修正後のデータで
上書き保存されました。

2 エクセルを終了します

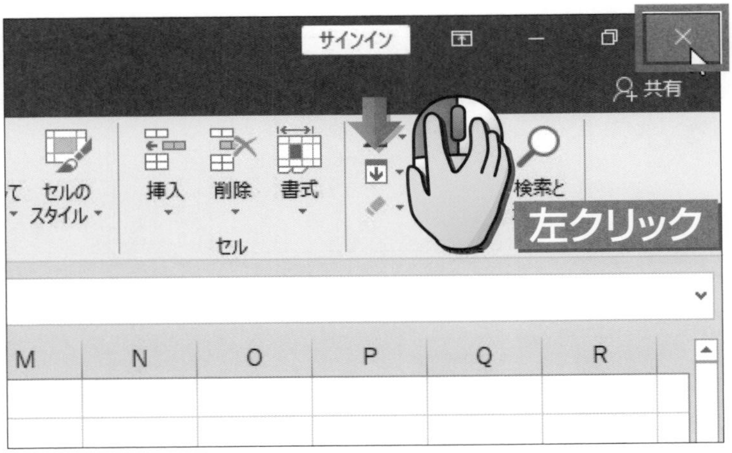

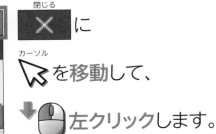

閉じる ✕ に カーソル を移動して、

左クリックします。

3 エクセルが終了しました

エクセルが終了しました。デスクトップの画面が表示されます。

▶第2章　練習問題

1　書式を設定せずにセルに「1000」の数字を入力した結果で、正しいのはどれですか？

❶ 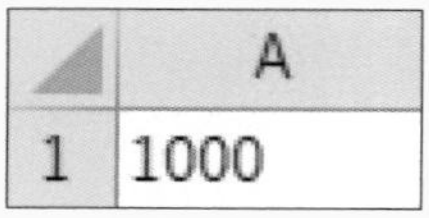

❷ 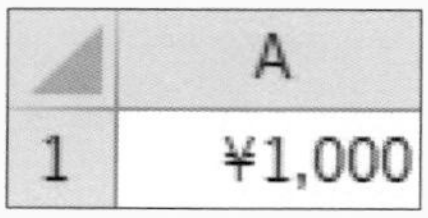

❸ 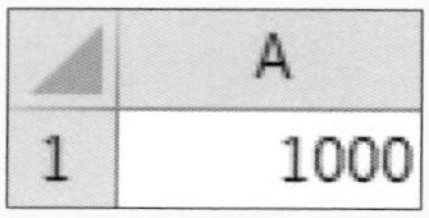

2　入力モードアイコンを A から あ に切り替えるときに押すキーはどれですか？

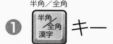

半角／全角
❶  キー

変換
❷  キー

スペース
❸  キー

3　ファイルを修正したあとで上書き保存をすると、ファイルはどうなりますか？

❶ 保存する前の内容が、別の名前のファイルとして保存される

❷ 修正した内容が元のファイルとは別に新しいファイルとして保存される

❸ 修正した内容に更新され、最新の状態で保存される

第3章

3 データを修正しよう

この章で学ぶこと

- セルのデータをまるごと修正できますか?
- セルのデータの一部分を修正できますか?
- 列を挿入できますか?
- 行を削除できますか?
- 行を挿入できますか?

この章でやること～データの修正

この章では、セルに入力した文字や数字のデータを修正したり、
あとから行や列を追加／削除したりする方法を覚えましょう。

セルのデータを修正する

上書き修正

入力ずみのセルにデータを入力すると、
前に入力したデータが消えて、新しいデータに置き換わります。

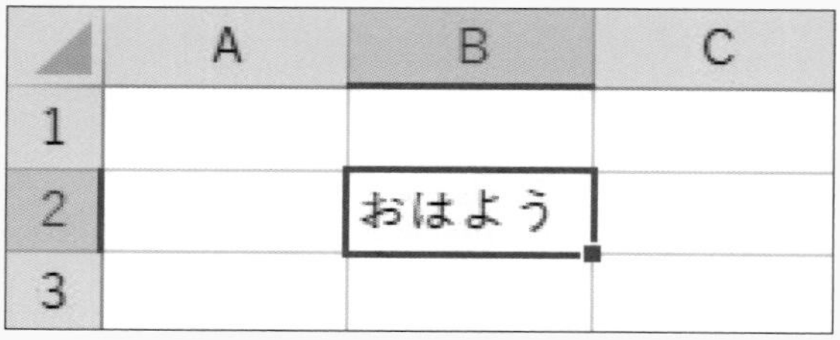

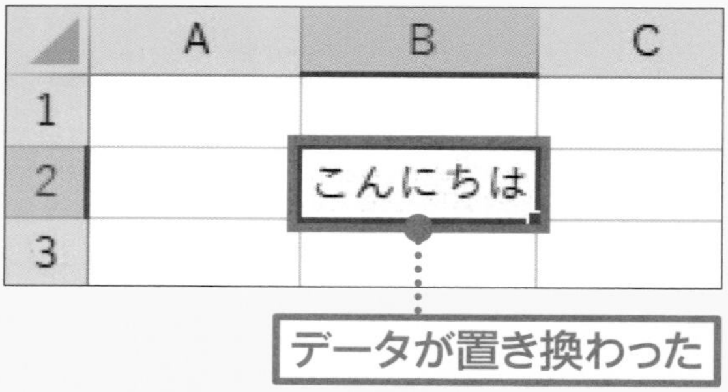

部分修正

数式バーを使うと、セルのデータを部分的に修正できます。

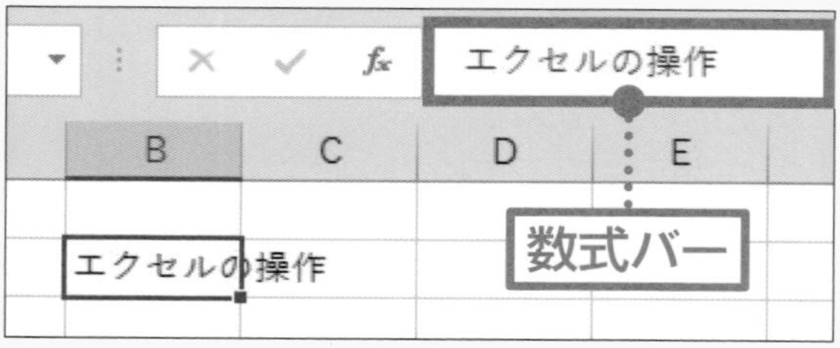

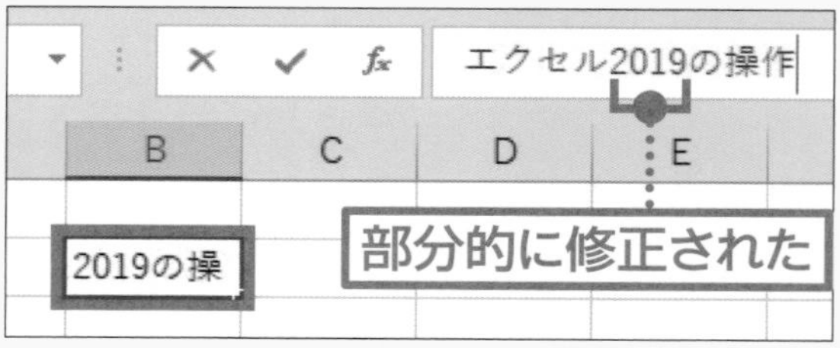

行や列を編集する

行や列を挿入する

A B C D E F G
住所録
氏名 郵便番号 住所 メールアドレス
和田洋一 157-0066 東京都世田 wada@example.com
春日あかり 892-0827 鹿児島県鹿 akari@example.com
島野祐二 225-0011 神奈川県横 shimano@example.com
岡田純一郎 165-0022 東京都中野 okada@example.com

A列とB列の間に、
新しい**列を追加**します。

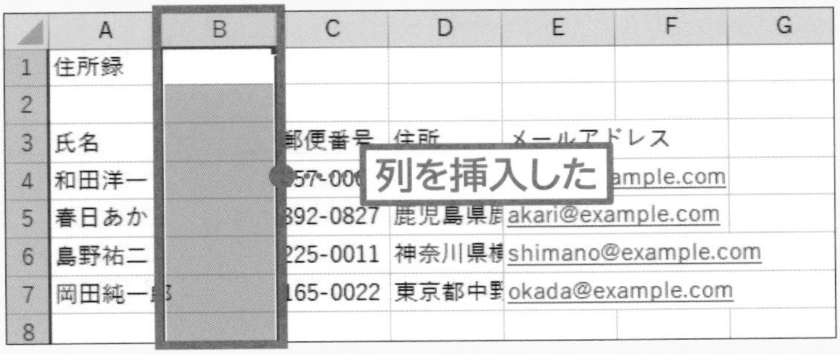
列を挿入した

列が追加されました。

行や列を削除する

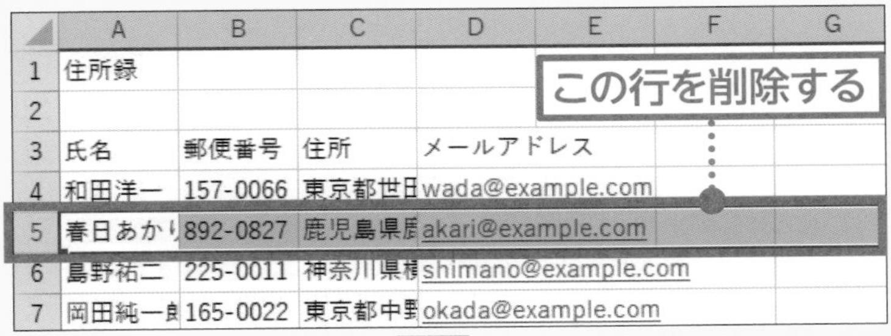
この行を削除する

不要になった5行目を
削除します。

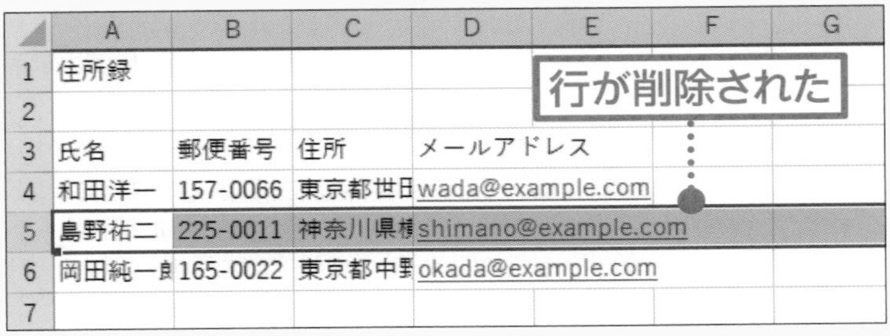
行が削除された

不要な行が
削除されました。

データをまるごと修正しよう

入力したデータはなんどでも修正できます。入力したデータをまるごと置き換えるときは、セルに新しいデータを入力し直します。

操作　移動 ▶P.012　左クリック ▶P.013　入力 ▶P.015

1 セルを選択します

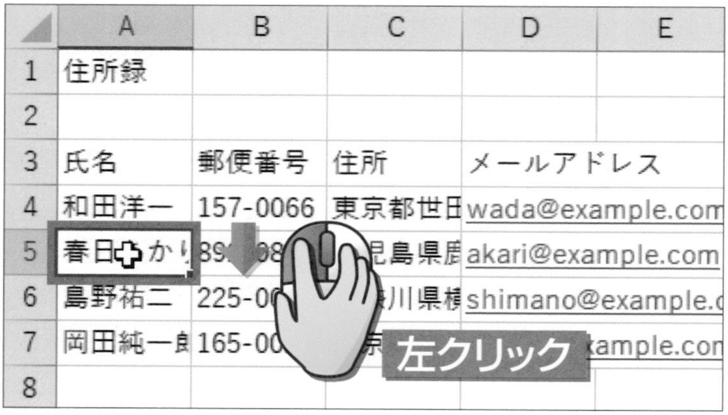
A
B
C
D
E
1 住所録
2
3 氏名 郵便番号 住所 メールアドレス
4 和田洋一 157-0066 東京都世田 wada@example.com
5 春日 かり akari@example.com
6 島野祐二 225-0 shimano@example.c
7 岡田純一 165-00 ample.com
8
左クリック

38ページの方法で、「住所録」ファイルを開いておきます。

修正したいセル（ここではA5セル）にカーソルを移動して、左クリックします。

入力をまちがえても、もう一度入力すれば上書き修正されるので安心だね！

2 「氏名」のデータを修正します

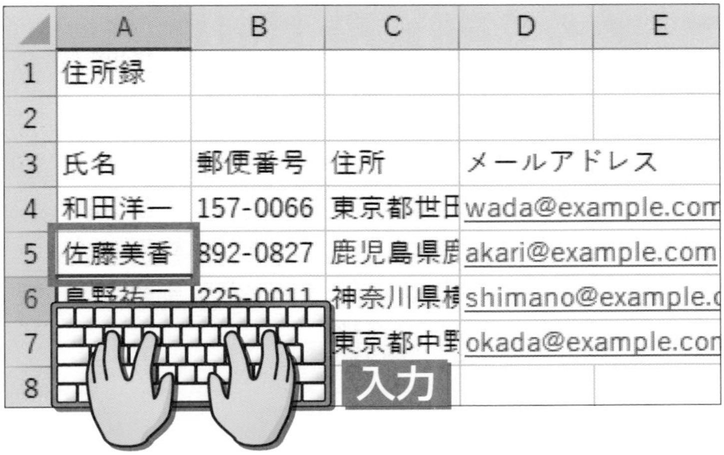

A B C D E
1 住所録
2
3 氏名 郵便番号 住所 メールアドレス
4 和田洋一 157-0066 東京都世田 wada@example.com
5 佐藤美香 892-0827 鹿児島県鹿 akari@example.com
6 225-0011 神奈川県横 shimano@example.c
7 東京都中野 okada@example.com
8
入力

修正したい文字を入力します。

入力し直した文字に置き換わります。

ポイント!

ここでは「佐藤美香」と入力しています。

コラム 数式バーについて

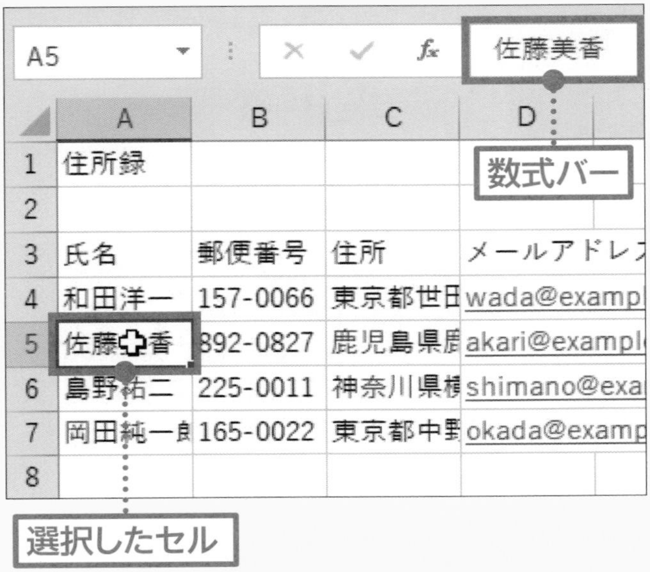

A5
佐藤美香
数式バー
A B C D
1 住所録
2
3 氏名 郵便番号 住所 メールアドレス
4 和田洋一 157-0066 東京都世田 wada@examp
5 佐藤美香 892-0827 鹿児島県鹿 akari@exampl
6 島野祐二 225-0011 神奈川県横 shimano@exa
7 岡田純一郎 165-0022 東京都中野 okada@examp
8
選択したセル

選択したセルの内容は、**数式バー**にも表示されます。

数式バーを使ったデータの修正方法は、次のページで解説します。

データを部分的に修正しよう

▶ 入力したデータを部分的に修正するには、数式バーを使います。
数式バーでデータを修正すると、自動的にセルのデータも修正されます。

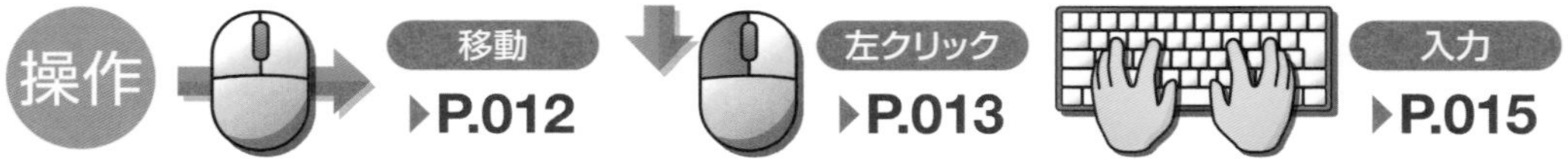

1 セルを選択します

3	氏名	郵便番号	住所	メールアドレス
4	和田洋一	157-0066	東京都世田	wada@example.com
5	佐藤美香	892-08	児島県居	akari@example.com
6	島野祐	225-00	川県椅	shimano@example.c
7	岡田純一郎	165-002	京	ample.com

左クリック

A6		×	✓	fx	島野祐二
	A	B	C	D	E
1	住所録				
2					
3	氏名	郵便番号	住所		
4	和田洋一	157-0066	東京都世田	wada@example.com	
5	佐藤美香	892-0827	鹿児島県居	akari@example.com	
6	島野祐二	225-0011	神奈川県椅	shimano@example.c	

数式バー

左クリック

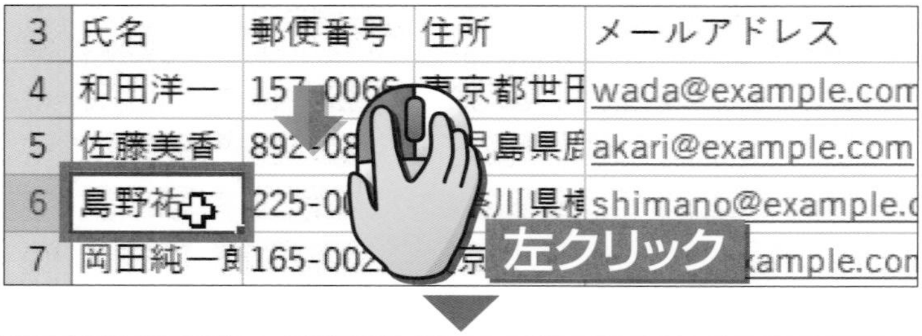

修正したいセル
（ここではA6セル）に
カーソル
✛を移動して、
左クリックします。

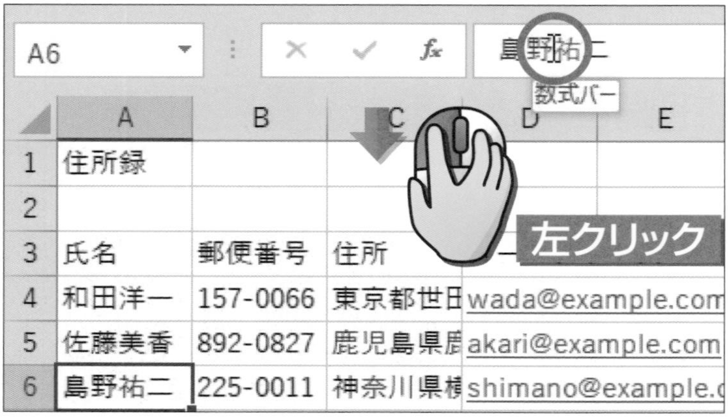

数式バーで、修正したい
文字（ここでは「祐」）の
左側を
左クリックします。

2 文字を修正します その1

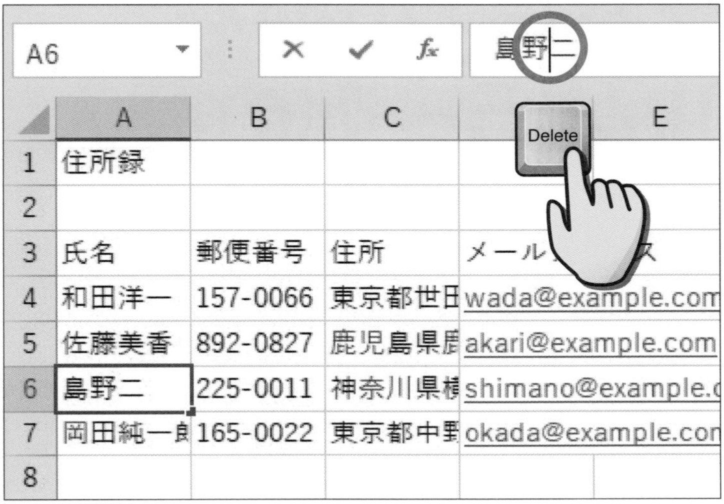

「祐」の左側で

文字カーソル | が点滅します。

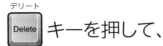

デリート Delete キーを押して、

文字カーソル | の右側の文字を

削除します。

ポイント!

Delete キーを1回押すたびに、文字カーソルの右側の文字が1文字消えます。

3 文字を修正します その2

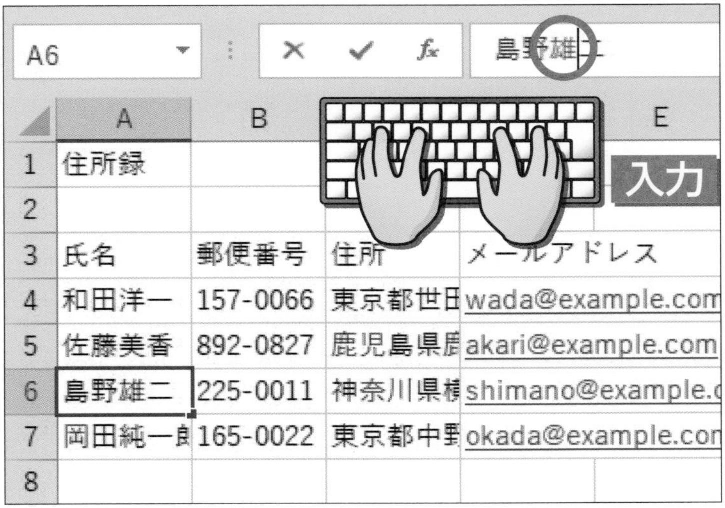

修正したい文字を

入力します。

ポイント!

ここでは、「祐二」を「雄二」に変更しました。修正できたら、Enter キーを押して入力を完了します。

「電話番号」の列を追加しよう～列の挿入

列を挿入して、不足しているデータを追加します。
ここでは、C列とD列の間に新しい列を挿入し、「電話番号」を追加します。

操作　移動 ▶P.012　左クリック ▶P.013　入力 ▶P.015

1 列を選択します

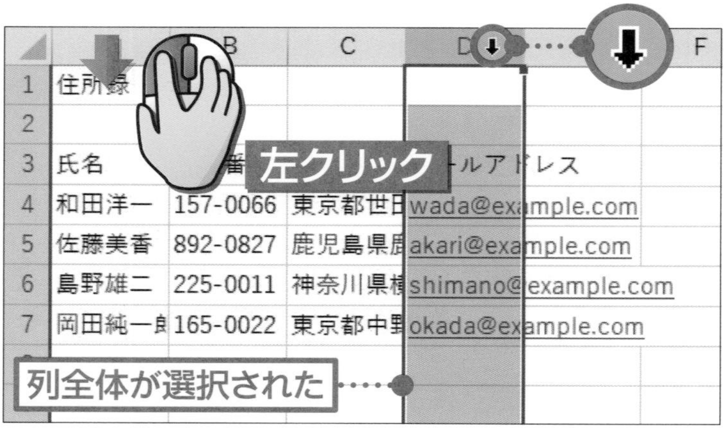

列番号 D に

カーソルを移動します。

カーソルが↓になったら

左クリックします。

ホーム を

左クリックします。

2 列を挿入します

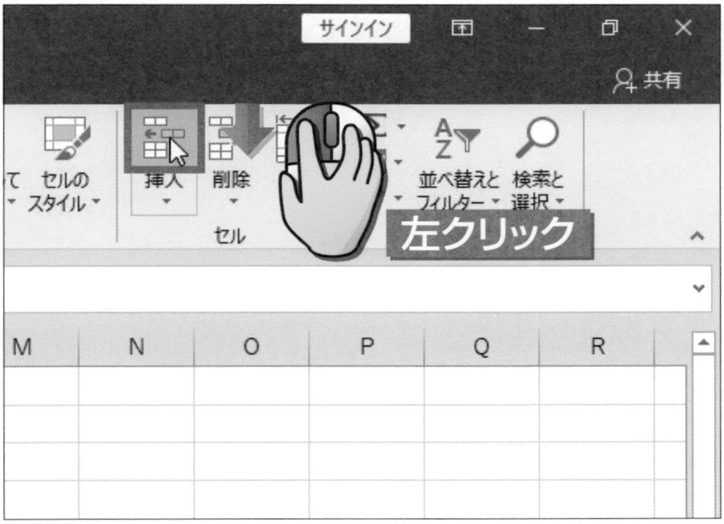

挿入 に

カーソル を移動して、

左クリックします。

ポイント！

挿入 の部分ではなく、 を左クリックするようにします。

3 列が挿入されました

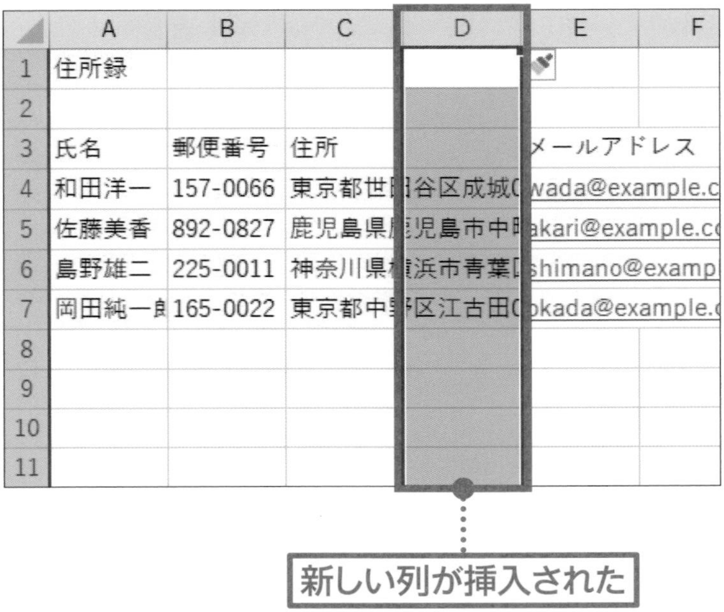

A
B
C
D
E
F
住所録
氏名
郵便番号
住所
メールアドレス
和田洋一
157-0066
東京都世田谷区成城0
wada@example.c
佐藤美香
892-0827
鹿児島県鹿児島市中町
akari@example.co
島野雄二
225-0011
神奈川県横浜市青葉区
shimano@examp
岡田純一郎
165-0022
東京都中野区江古田0
okada@example.c
新しい列が挿入された

新しい列が
挿入されました。

「メールアドレス」の
データが１列分
右にずれています。

ポイント！

D列にあった「メールアドレス」が
E列に移動しました。

次へ ›››

4 D3セルを左クリックします

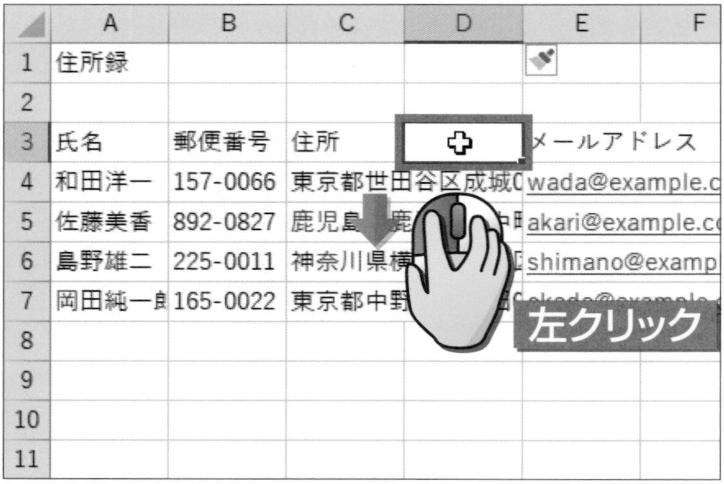

D3セルに

カーソル を移動して、

左クリックします。

5 「電話番号」の文字を入力します

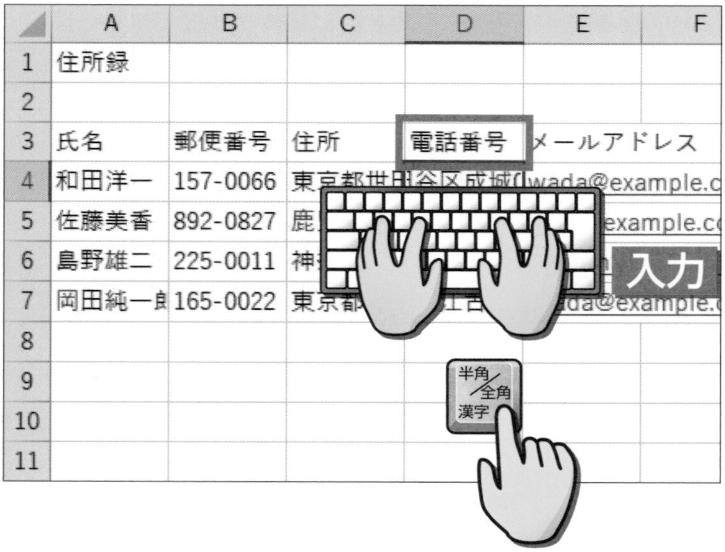

「電話番号」と

入力します。

半角／全角 キーを押して、

あ を A に

切り替えます。

6 電話番号を入力します

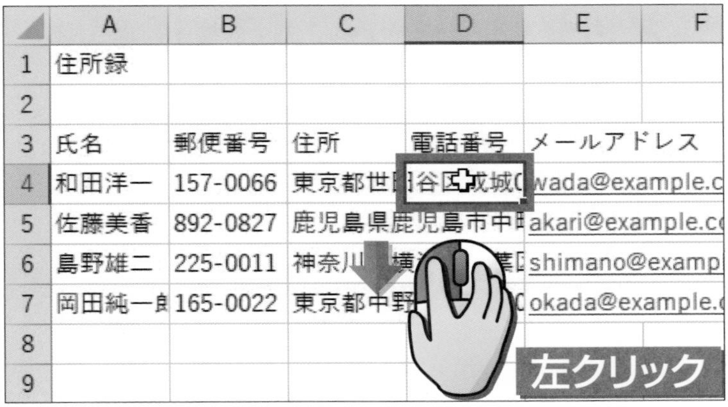

D4セルに

を移動して、

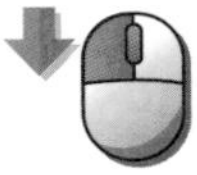左クリックします。

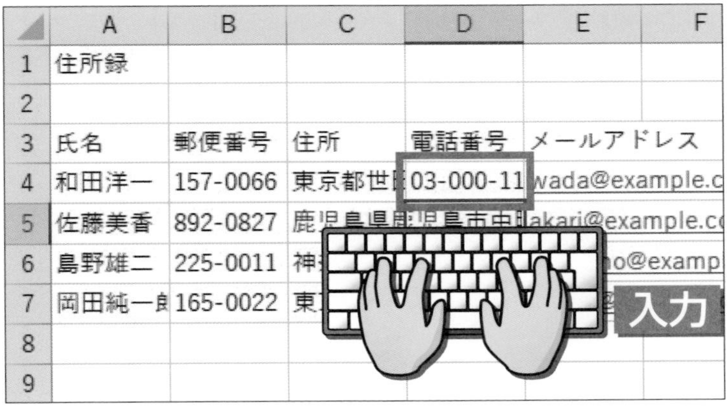

電話番号を

入力します。

ポイント!

ここでは「03-000-1111」と入力しています。「-」(ハイフン)の入力は、49ページを参照してください。

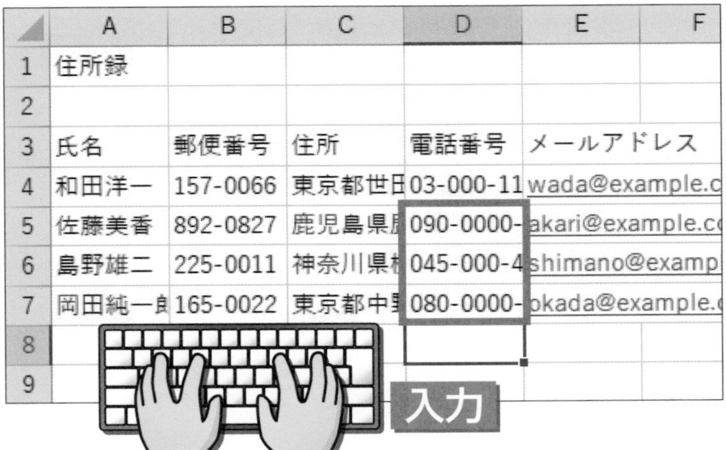

D5セルからD7セルに、以下の電話番号を

入力します。

D5セル	090-0000-2222
D6セル	045-000-4444
D7セル	080-0000-5555

データを1件まるごと削除しよう～行の削除

不要になったデータを、行ごとまとめて削除します。
ここでは、6行目のデータを削除します。

操作 移動 ▶P.012 左クリック ▶P.013

1 削除する行を選択します

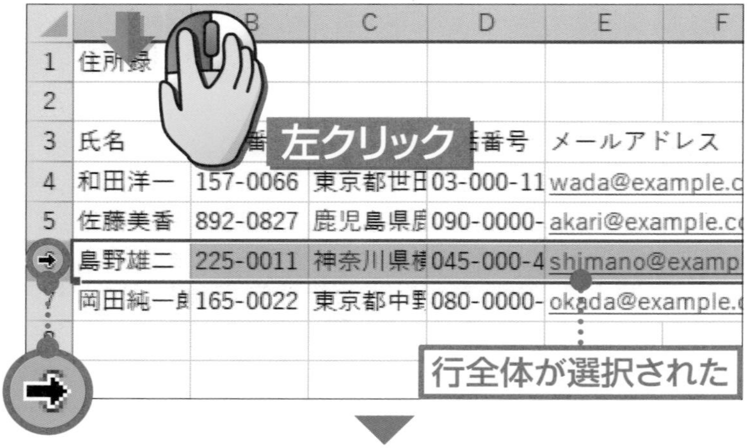

列番号 6 に

カーソルを移動します。

カーソルが ➡ になったら

左クリックします。

ホーム を

左クリックします。

2 2件目のデータを削除します

削除 に

カーソル を移動して、

左クリックします。

ポイント！

下側の 削除 の部分ではなく、 を左クリックするようにします。

3 行が削除されました

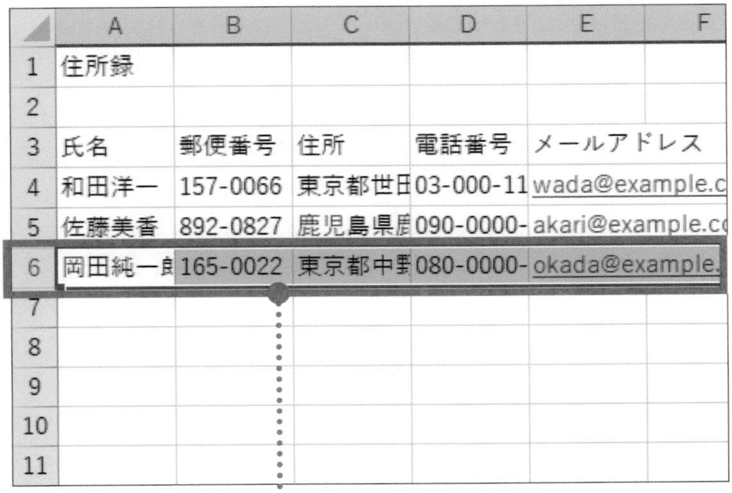

住所録
氏名 郵便番号 住所 電話番号 メールアドレス
和田洋一 157-0066 東京都世田 03-000-11 wada@example.c
佐藤美香 892-0827 鹿児島県鹿 090-0000- akari@example.co
岡田純一郎 165-0022 東京都中野 080-0000- okada@example.

データが削除され1行上に上がった

「島野雄二」のデータが削除されました。

「岡田純一郎」のデータが1行分上に上がります。

ポイント！

列を削除する場合は、66ページの手順1の方法で削除する列を選択します。続いて、このページの手順2の操作を行います。

データをあとから追加しよう

新しく行を挿入してデータを追加します。
ここでは、４行目と５行目の間に新しい行を追加します。

操作　移動 ▶P.012　左クリック ▶P.013　入力 ▶P.015

1 削除する行を選択します

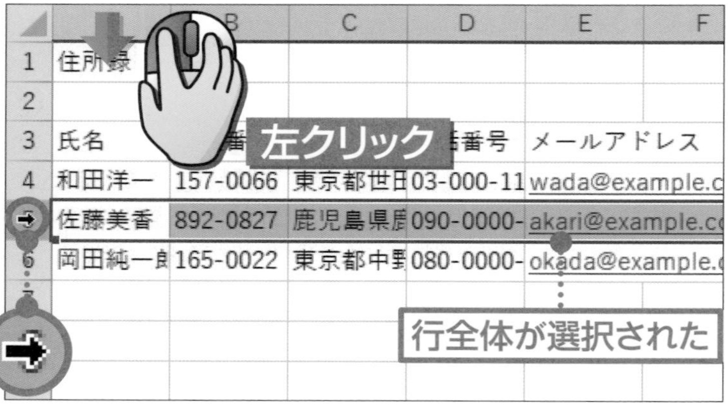
住所録
氏名
左クリック
番号
和田洋一 157-0066 東京都世田 03-000-11 wada@example.c
佐藤美香 892-0827 鹿児島県 090-0000- akari@example.co
岡田純一郎 165-0022 東京都中野 080-0000- okada@example.c
行全体が選択された

列番号 5 に

カーソルを移動します。

カーソルが になったら

左クリックします。

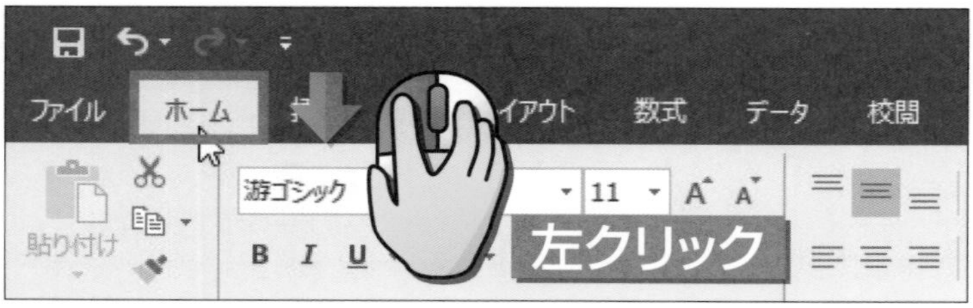

ホーム を

左クリックします。

2 行を挿入します

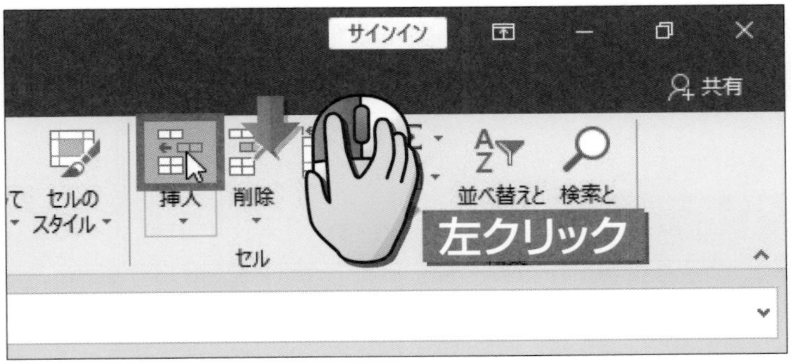

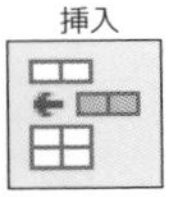 に カーソル を移動して、

左クリックします。

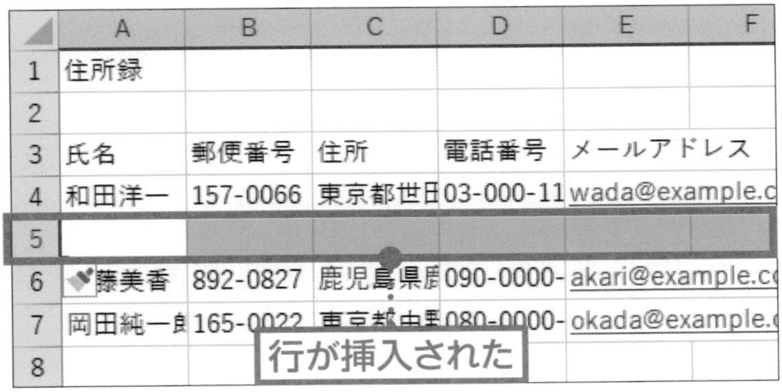

「佐藤美香」のデータが1行分下がり、新しい行が挿入されました。

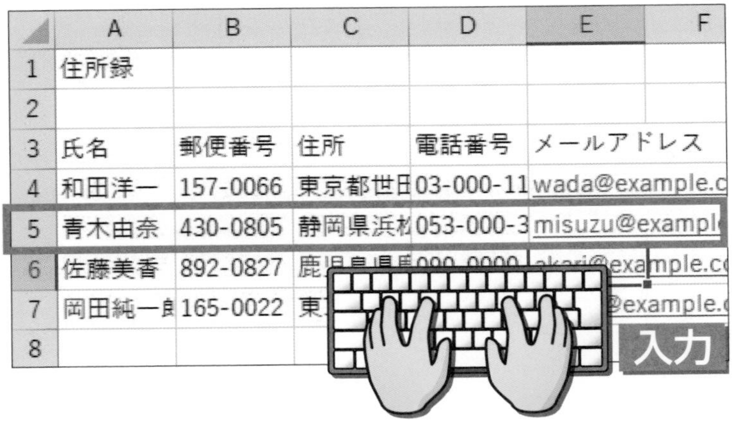

新しい行に、以下のデータを 入力します。

ポイント!

56ページの方法で上書き保存し、エクセルを終了します。

青木由奈	430-0805	静岡県浜松市相生町0-0-0	053-000-3333	misuzu@example.com

▶第３章　練習問題

1

文字を部分的に修正するときに使う「数式バー」はどれですか?

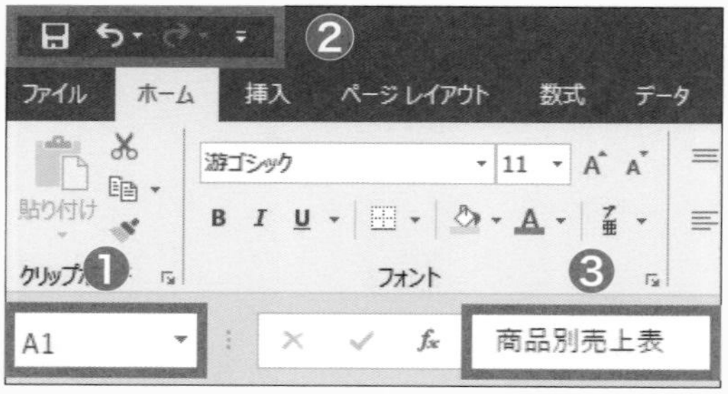

2

以下の表で、5行目をまるごと削除したいときに、最初に左クリックするのはどこですか?

	A	B	C	D	E
1	商品別売上表				
2					
3	商品名	7月	8月	9月	合計
4	チーズケーキ	160	145	160	465
5	シュークリーム	230	250	275	755
6	アップルパイ	85	60	70	215
7	合計	475	455	505	1435

❶ A5セル
❷ 行番号の「5」の数字
❸ 列番号の「A」の英字

3

以下の画面の状態で、「ホーム」タブの「挿入」ボタンを左クリックすると、どの位置に列が挿入されますか?

	A	B	C	D	E
1	商品別売上表				
2					
3	商品名	7月	8月	9月	合計
4	チーズケーキ	160	145	160	465
5	シュークリーム	230	250	275	755
6	アップルパイ	85	60	70	215
7	合計	475	455	505	1435

❶ A列とB列の間
❷ B列とC列の間
❸ C列とD列の間

第4章

4 住所録に飾りをつけよう

この章で学ぶこと

- 列の幅を広げることができますか?
- 同時に2つ以上のセルを選択できますか?
- 文字のサイズを大きくできますか?
- セルに色をつけることができますか?
- 文字をセルの中央に配置できますか?

この章でやること～表の装飾

この章では、セルや文字に色をつけたり、文字の配置や列の幅を変更して、表の見栄えを整える方法を覚えましょう。

列幅を変更する

セルに入力した文字の長さに合わせて、
列幅を狭くしたり、広げたりできます。

	A	B	C	D	E	F	G	H	I	J
1	住所録									
2										
3	氏名	郵便番号	住所	電話番号	メールアドレス					
4	和田洋一	157-0066	東京都世田	03-000-11	wada@example.com					
5	青木由奈	430-0805	静岡県浜松	053-000-3	misuzu@example.com					

列幅が広がった

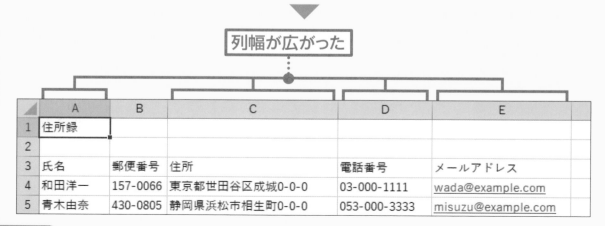

	A	B	C	D	E
1	住所録				
2					
3	氏名	郵便番号	住所	電話番号	メールアドレス
4	和田洋一	157-0066	東京都世田谷区成城0-0-0	03-000-1111	wada@example.com
5	青木由奈	430-0805	静岡県浜松市相生町0-0-0	053-000-3333	misuzu@example.com

セルや文字に色をつける

セルや文字に色をつけることができます。

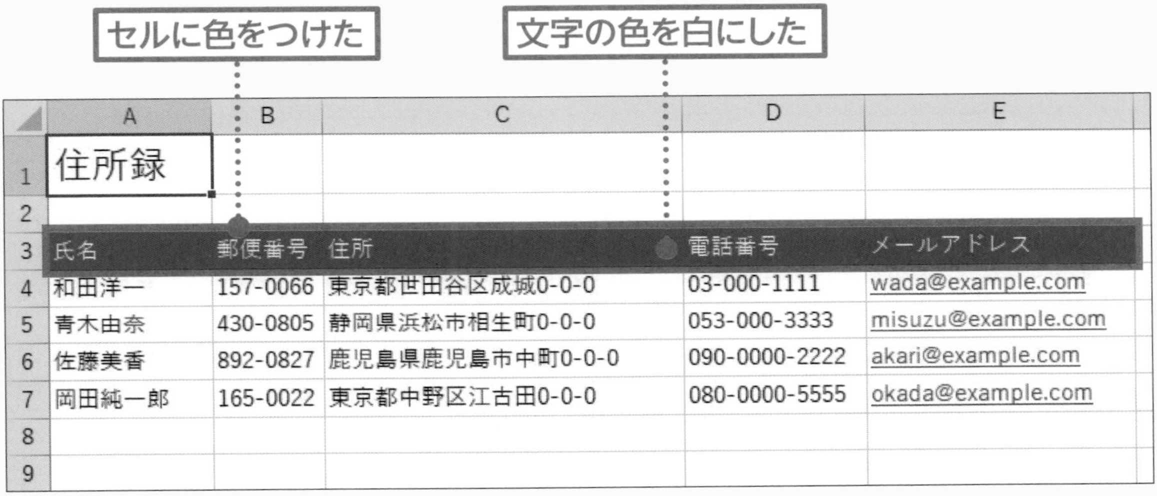
セルに色をつけた
文字の色を白にした

	A	B	C	D	E
1	住所録				
2					
3	氏名	郵便番号	住所	電話番号	メールアドレス
4	和田洋一	157-0066	東京都世田谷区成城0-0-0	03-000-1111	wada@example.com
5	青木由奈	430-0805	静岡県浜松市相生町0-0-0	053-000-3333	misuzu@example.com
6	佐藤美香	892-0827	鹿児島県鹿児島市中町0-0-0	090-0000-2222	akari@example.com
7	岡田純一郎	165-0022	東京都中野区江古田0-0-0	080-0000-5555	okada@example.com
8					
9					

文字の配置を変更する・太字にする

文字をセルの中央に配置したり、太字にしたりすることができます。

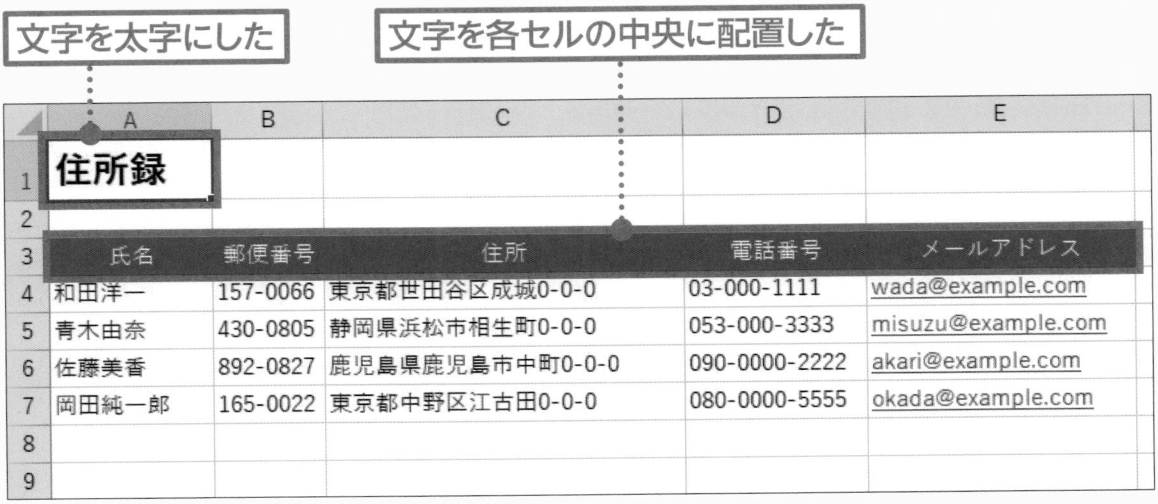
文字を太字にした
文字を各セルの中央に配置した

	A	B	C	D	E
1	**住所録**				
2					
3	氏名	郵便番号	住所	電話番号	メールアドレス
4	和田洋一	157-0066	東京都世田谷区成城0-0-0	03-000-1111	wada@example.com
5	青木由奈	430-0805	静岡県浜松市相生町0-0-0	053-000-3333	misuzu@example.com
6	佐藤美香	892-0827	鹿児島県鹿児島市中町0-0-0	090-0000-2222	akari@example.com
7	岡田純一郎	165-0022	東京都中野区江古田0-0-0	080-0000-5555	okada@example.com
8					
9					

列幅を修正しよう

ここでは、セルに入力した文字の長さに合わせて、**列幅を調整**します。
列幅の調整方法には２種類あります。

操作　移動 ▶P.012　ダブルクリック ▶P.014　ドラッグ ▶P.014

1　A列の幅を広くします

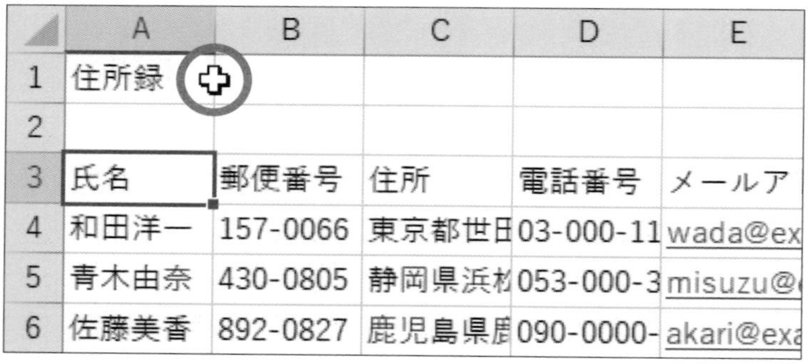

A
B
C
D
E
1 住所録
2
3 氏名 郵便番号 住所 電話番号 メールア
4 和田洋一 157-0066 東京都世田 03-000-11 wada@ex
5 青木由奈 430-0805 静岡県浜松 053-000-3 misuzu@
6 佐藤美香 892-0827 鹿児島県鹿 090-0000- akari@exa

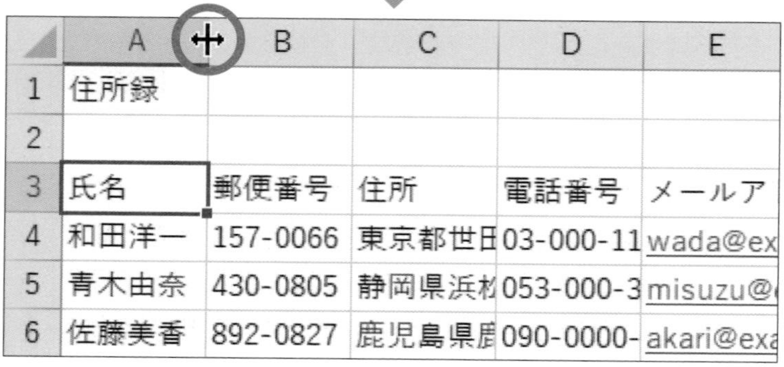

A
B
C
D
E
1 住所録
2
3 氏名 郵便番号 住所 電話番号 メールア
4 和田洋一 157-0066 東京都世田 03-000-11 wada@ex
5 青木由奈 430-0805 静岡県浜松 053-000-3 misuzu@
6 佐藤美香 892-0827 鹿児島県鹿 090-0000- akari@exa

38ページの方法で「住所録」を開きます。

A と B の間にカーソル を**移動**します。

カーソル が に変わったことを確認します。

2 列幅をドラッグ操作で調整します

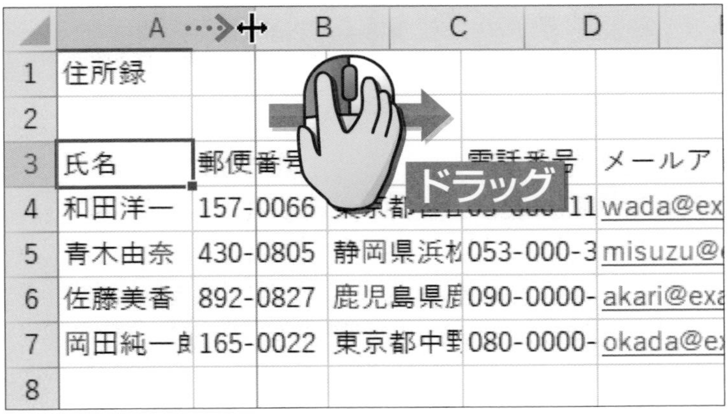

A B C D
1 住所録
2
3 氏名 郵便番号 電話番号 メールア
4 和田洋一 157-0066 wada@ex
5 青木由奈 430-0805 静岡県浜松 053-000-3 misuzu@
6 佐藤美香 892-0827 鹿児島県鹿 090-0000- akari@exa
7 岡田純一郎 165-0022 東京都中野 080-0000- okada@ex
8
ドラッグ

の状態のまま、

右方向に

ドラッグします。

A列の幅が

広くなります。

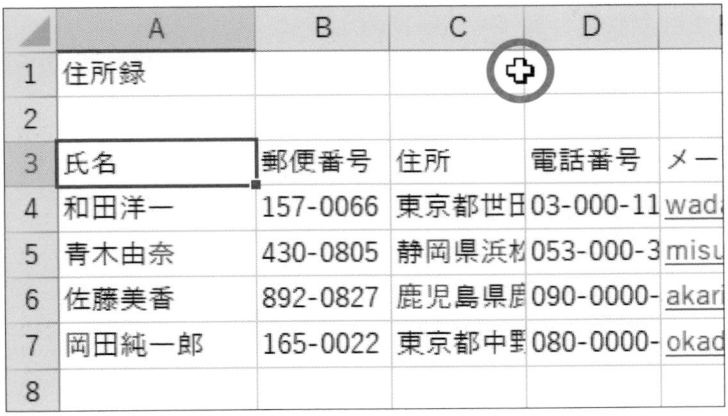

A B C D
1 住所録
2
3 氏名 郵便番号 住所 電話番号 メー
4 和田洋一 157-0066 東京都世田 03-000-11 wada
5 青木由奈 430-0805 静岡県浜松 053-000-3 misu
6 佐藤美香 892-0827 鹿児島県鹿 090-0000- akari
7 岡田純一郎 165-0022 東京都中野 080-0000- okad
8

C と

D の間に

カーソル(カーソル)を移動します。

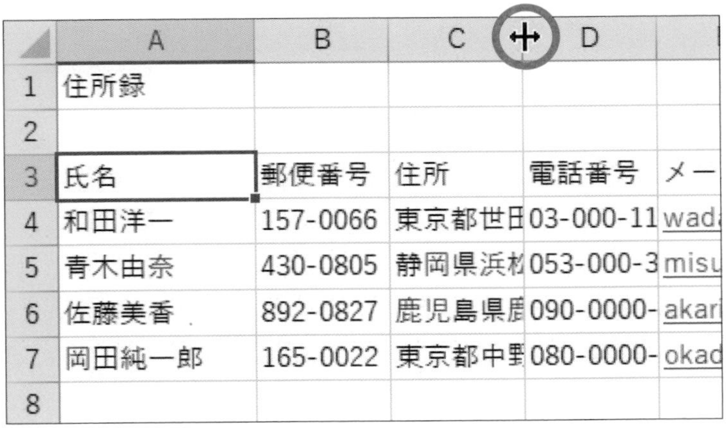

カーソル が に

変わったことを

確認します。

次へ >>>

3 列幅を自動的に調整します

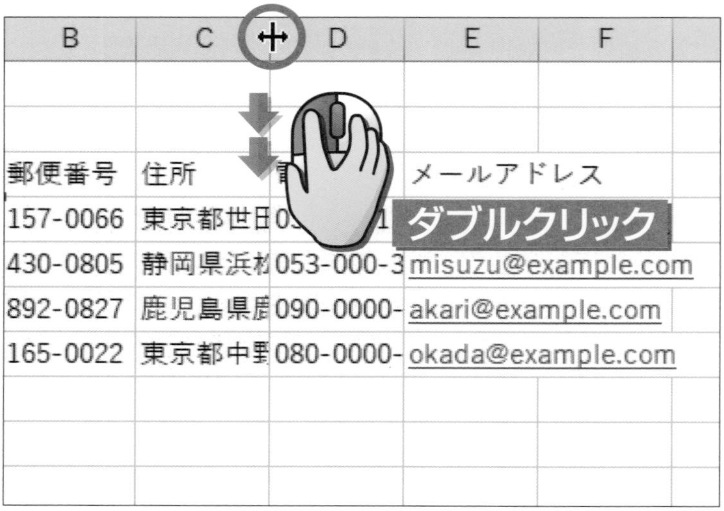

の状態のまま、

ダブルクリック

します。

4 列幅が自動的に調整されます

B
C
D
郵便番号
住所
電話番号
157-0066
東京都世田谷区成城0-0-0
03-000-11
430-0805
静岡県浜松市相生町0-0-0
053-000-3
892-0827
鹿児島県鹿児島市中町0-0-0
090-0000-
165-0022
東京都中野区江古田0-0-0
080-0000-

C列の幅が、
文字数にあわせて
自動的に広くなります。

列幅を調整するときは、ダブルクリックの方が便利だよ！

5 D列とE列の幅を調整します

同様の操作で、D列とE列の列幅も変更します。

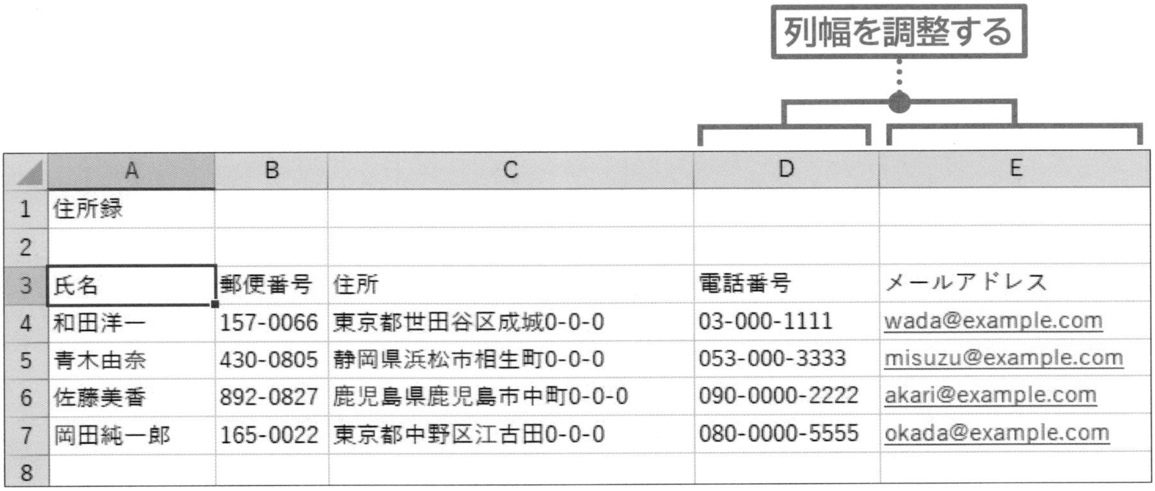

	A	B	C	D	E
1	住所録				
2					
3	氏名	郵便番号	住所	電話番号	メールアドレス
4	和田洋一	157-0066	東京都世田谷区成城0-0-0	03-000-1111	wada@example.com
5	青木由奈	430-0805	静岡県浜松市相生町0-0-0	053-000-3333	misuzu@example.com
6	佐藤美香	892-0827	鹿児島県鹿児島市中町0-0-0	090-0000-2222	akari@example.com
7	岡田純一郎	165-0022	東京都中野区江古田0-0-0	080-0000-5555	okada@example.com
8					

コラム 列幅の調整方法

列幅を調整するには、次の２つの方法があります。

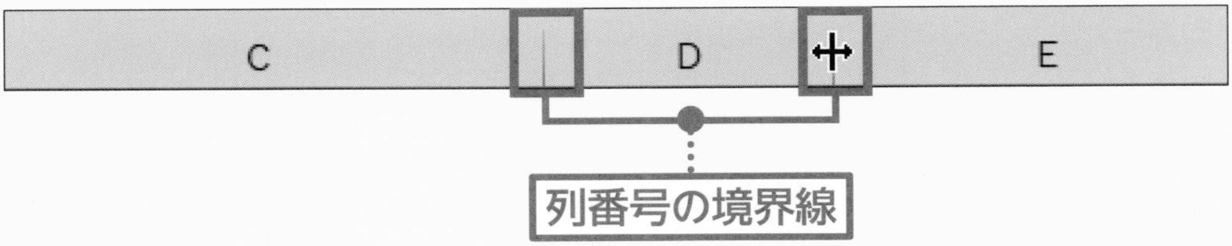

❶ 列番号の境界線をドラッグする

列幅を変更したい列番号の右側の境界線を**ドラッグ**します。

❷ 列番号の境界線をダブルクリックする

列幅を変更したい列番号の右側の境界線を**ダブルクリック**すると、文字数に合わせて列幅が調整されます。

複数のセルを選択しよう

セルやセルの文字に飾りをつけるときは、最初に目的のセルを選択します。
ここでは、複数のセルを同時に選択する方法を解説します。

操作　左クリック ▶P.013　ドラッグ ▶P.014

1 最初のセルを選択します

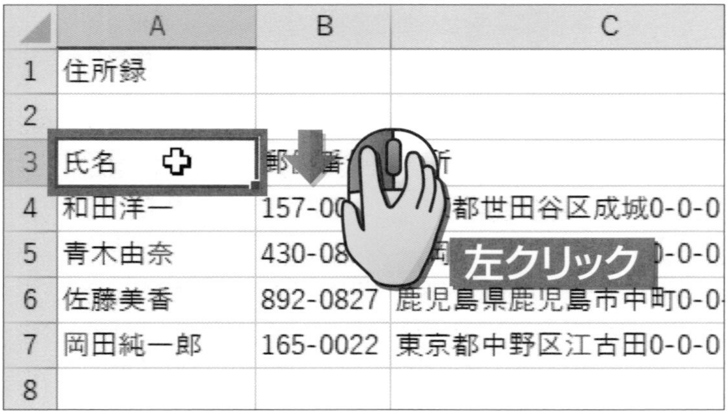

A3セルを左クリックします。

複数のセルを選択すると、一度の操作で同じ処理を複数のセルに行うことができます！

複数のセルをドラッグすると、ドラッグしたセルを一度に選択することができます！

2 複数のセルを選択します

そのまま、E3セルまで右方向にドラッグします。

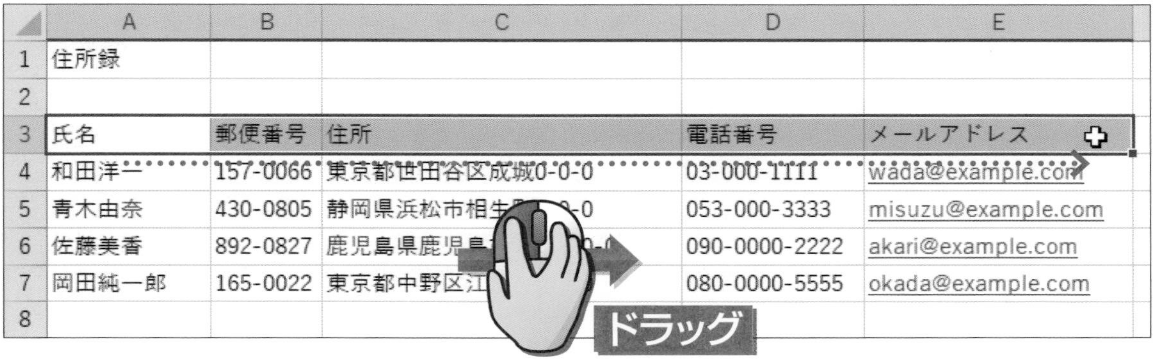
A
B
C
D
E
住所録
氏名
郵便番号
住所
電話番号
メールアドレス
和田洋一 157-0066 東京都世田谷区成城0-0-0 03-000-1111 wada@example.com
青木由奈 430-0805 静岡県浜松市相生町0-0-0 053-000-3333 misuzu@example.com
佐藤美香 892-0827 鹿児島県鹿児島市中町0-0-0 090-0000-2222 akari@example.com
岡田純一郎 165-0022 東京都中野区江古田0-0-0 080-0000-5555 okada@example.com
ドラッグ

3 複数のセルが選択されました

A3セルからE3セルまでが、太い枠線で囲まれます。
これで、複数のセルが同時に選択されました。

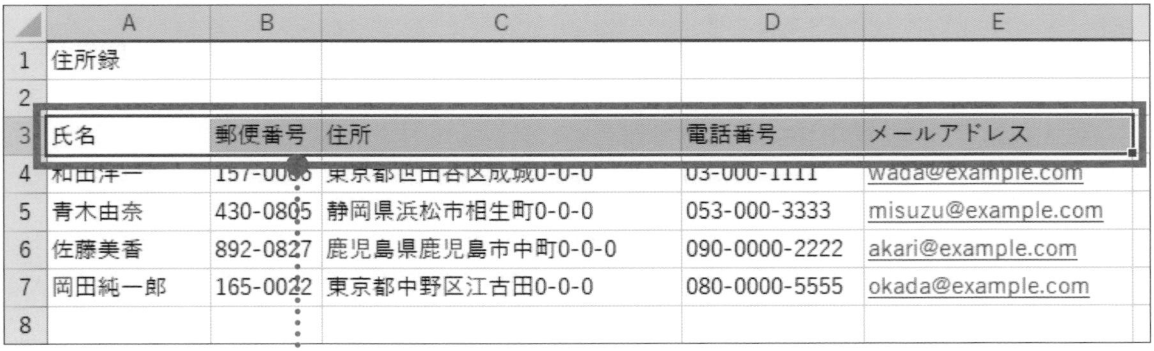
A
B
C
D
E
住所録
氏名
郵便番号
住所
電話番号
メールアドレス
和田洋一 157-0066 東京都世田谷区成城0-0-0 03-000-1111 wada@example.com
青木由奈 430-0805 静岡県浜松市相生町0-0-0 053-000-3333 misuzu@example.com
佐藤美香 892-0827 鹿児島県鹿児島市中町0-0-0 090-0000-2222 akari@example.com
岡田純一郎 165-0022 東京都中野区江古田0-0-0 080-0000-5555 okada@example.com

A3セルからE3セルまで選択された

ポイント!

選択したセルを解除するには、選択されていないセルを左クリックします。

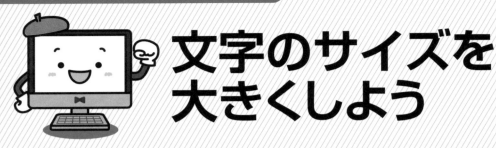

文字のサイズを大きくしよう

文字の大きさは、あとから自由に変えられます。
ここでは、表のタイトルの文字を大きくして目立たせます。

操作　移動 ▶P.012　左クリック ▶P.013

1 セルを選択します

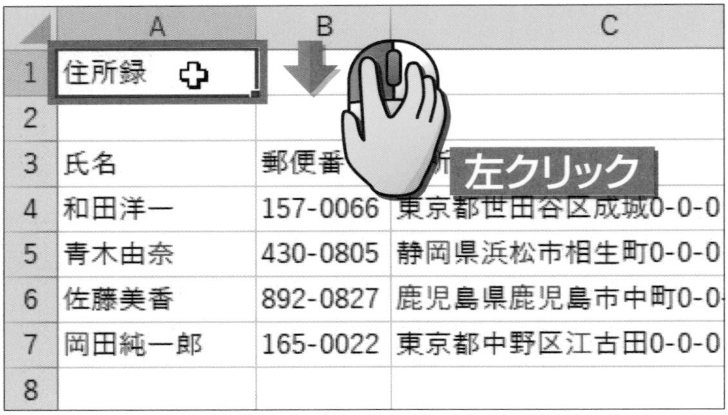

文字を大きくしたいセル（ここでは「A1」セル）を左クリックします。

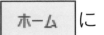

ホーム に

カーソル を移動して、

左クリックします。

2 文字の大きさを変更します

フォントサイズ
11 ▾ の右側の ▾ に

左クリックします。

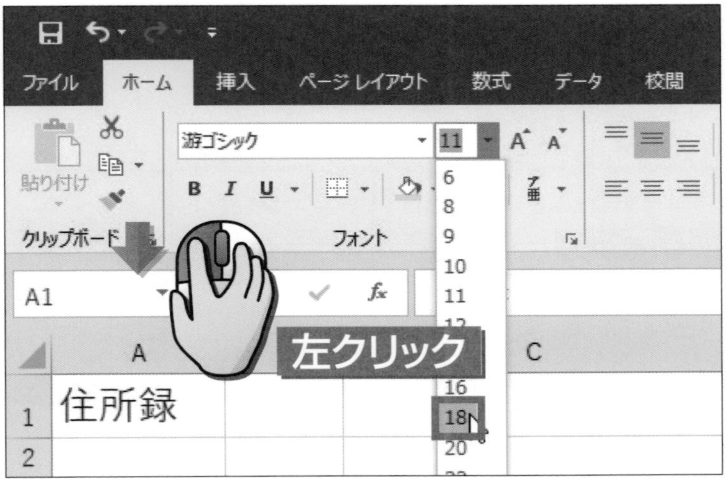

文字の大きさの一覧が表示されます。

変更したい大きさを

左クリックします。

ポイント！

文字の大きさは、数字で表現されます。ここでは「18」を選択しています。

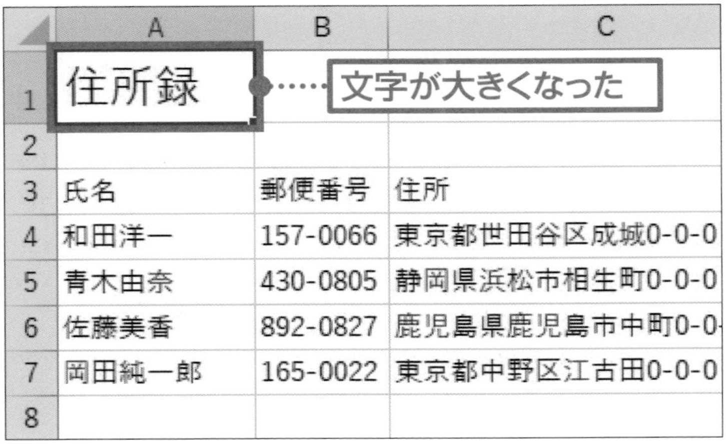

A
B
C
1 住所録
文字が大きくなった
2
3 氏名 郵便番号 住所
4 和田洋一 157-0066 東京都世田谷区成城0-0-0
5 青木由奈 430-0805 静岡県浜松市相生町0-0-0
6 佐藤美香 892-0827 鹿児島県鹿児島市中町0-0-
7 岡田純一郎 165-0022 東京都中野区江古田0-0-0
8

A1セルの文字が大きくなりました。

セルに色をつけよう

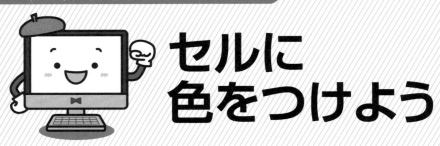

セルを目立たせるために、セルに色をつけます。
ここでは、3行目の項目名のセルに色をつけます。

1 色をつける準備をします

82ページの方法で、A3セルからE3セルを選択しておきます。

ホーム を 左クリックします。

塗りつぶしの色 の右側の ▾ に カーソル を移動して、左クリックします。

2 セルに色をつけます

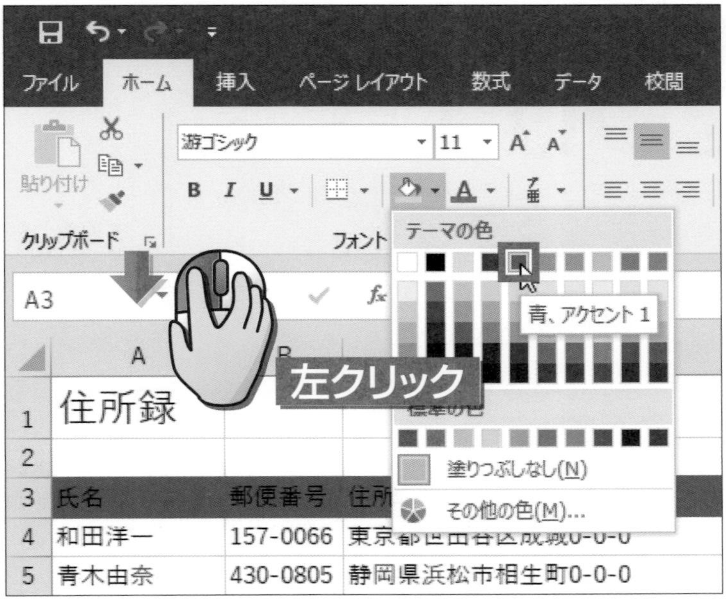

色の一覧が表示されます。

好きな色を左クリックします。

ポイント!

ここでは「青、アクセント1」を選んでいます。

3 セルに色がつきました

A3セルからE3セルに色がつきました。

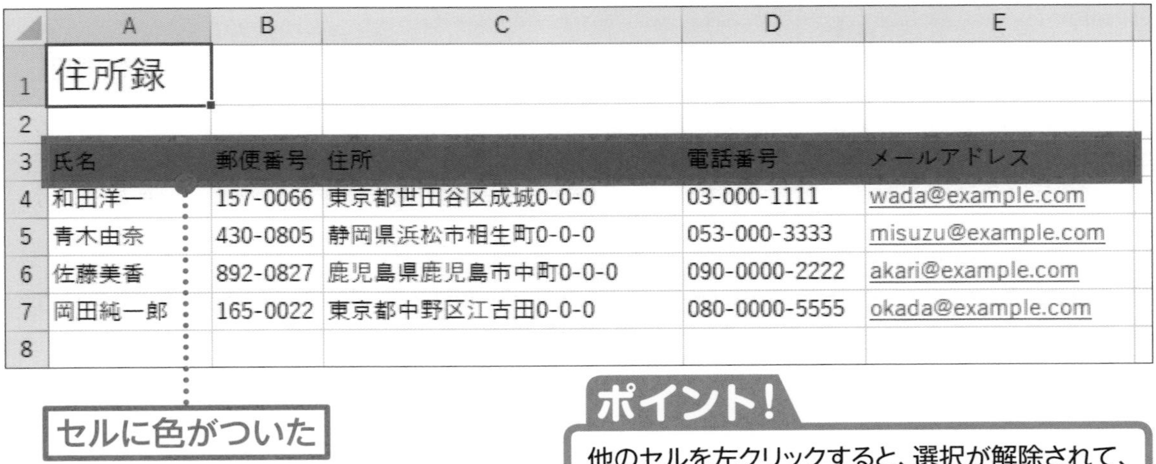

ポイント!

他のセルを左クリックすると、選択が解除されて、セルに色がついたことがよくわかります。

文字に色をつけよう

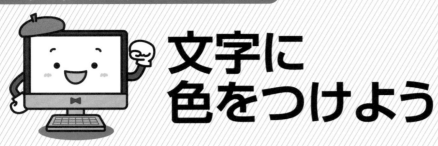

セルに入力された文字に色をつけます。
ここでは、３行目の項目名の文字に色をつけます。

操作　移動 ▶P.012　左クリック ▶P.013

1 色をつける準備をします

82ページの方法で、A3セルからE3セルを選択しておきます。

ホーム を
左クリックします。

フォントの色
A ▾ の右側の ▾ に
カーソル
を移動して、
左クリックします。

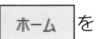

2 文字に色をつけます

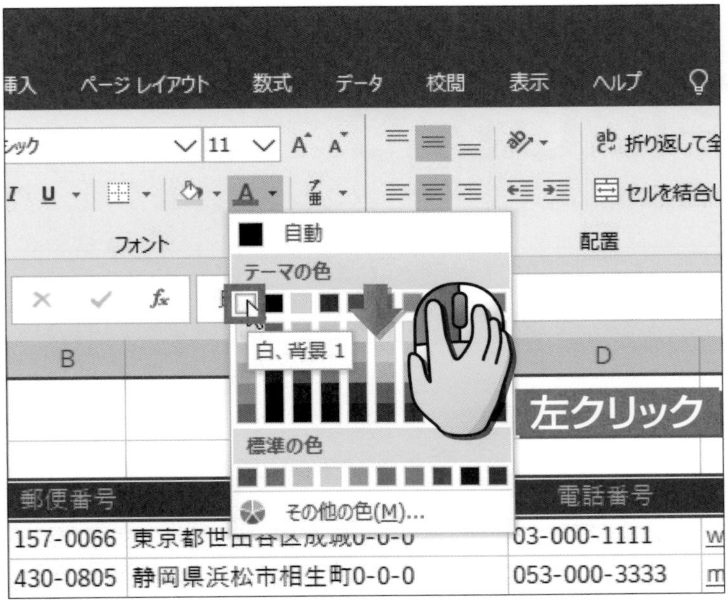

色の一覧が
表示されます。

好きな色を

左クリックします。

ポイント!

ここでは「白、背景1」を選んでいます。

3 文字に色がつきました

A3セルからE3セルの文字の色が、白に変わりました。

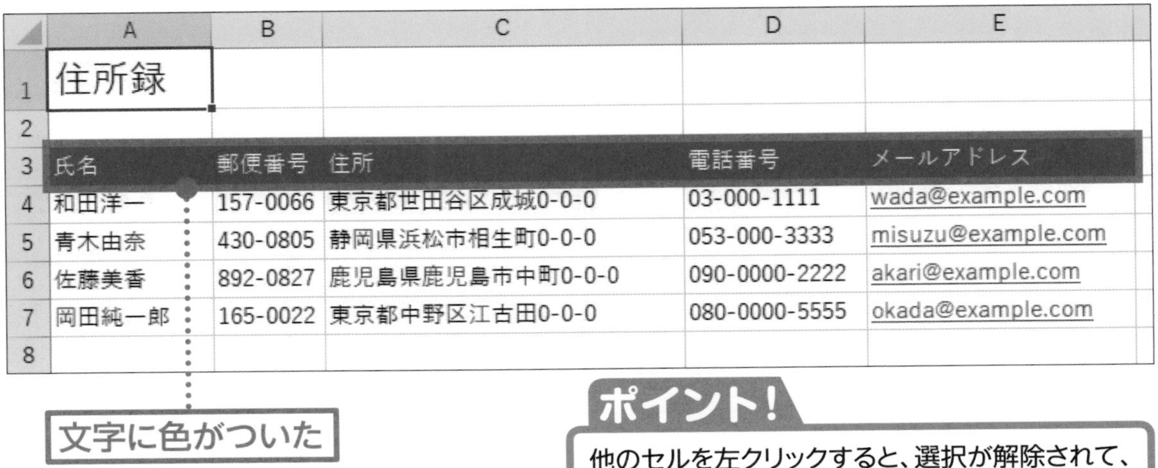

ポイント!

他のセルを左クリックすると、選択が解除されて、文字に色がついたことがよくわかります。

文字を太字にしよう

文字を太字にして、他の文字よりも目立たせてみましょう。
ここでは、表のタイトルの文字を太字にします。

操作　移動 ▶P.012　左クリック ▶P.013

1 太字にする準備をします

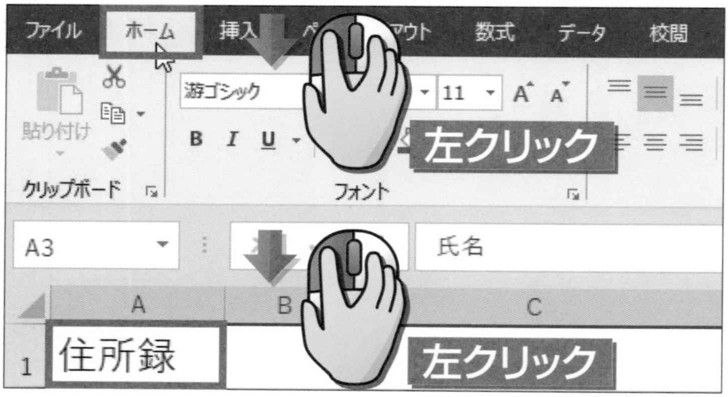

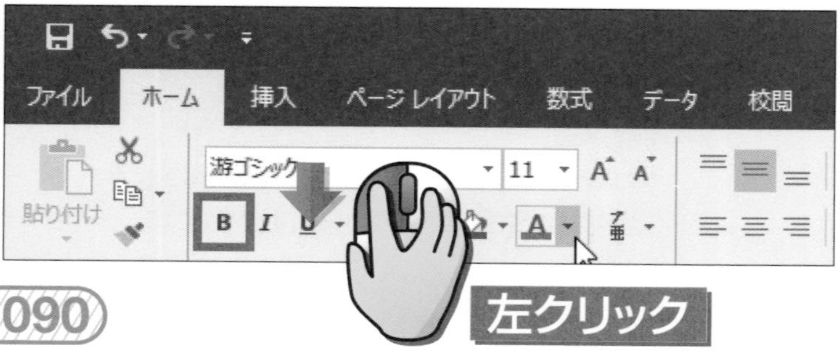

太字にしたいセルを左クリックします。

ホーム を左クリックします。

B（太字）にカーソルを移動して、左クリックします。

2 文字が太字になりました

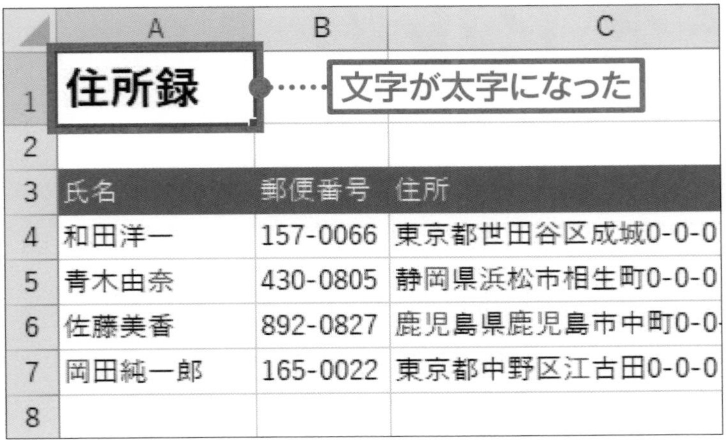

	A	B	C
1	**住所録**		
2			
3	氏名	郵便番号	住所
4	和田洋一	157-0066	東京都世田谷区成城0-0-0
5	青木由奈	430-0805	静岡県浜松市相生町0-0-0
6	佐藤美香	892-0827	鹿児島県鹿児島市中町0-0-
7	岡田純一郎	165-0022	東京都中野区江古田0-0-0
8			

文字が
太字になりました。

ポイント！

同様の方法で、I（斜体）を左クリックすると文字が斜めになり、U（下線）を左クリックすると文字に下線がつきます。

コラム 太字を元に戻すには

太字を解除するには、解除したいセルを選択します。

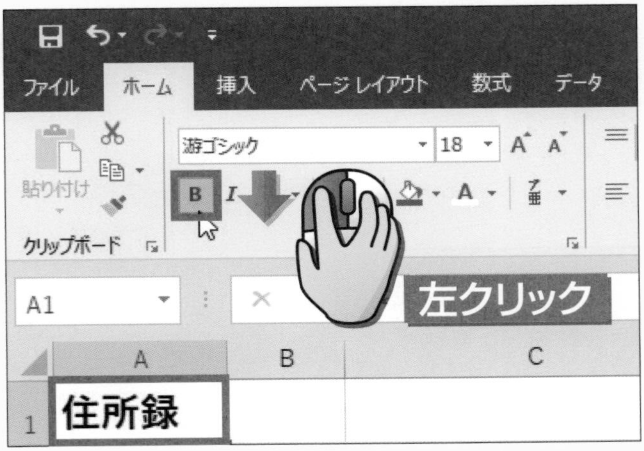

その上で、もう一度

を

左クリックします。

同じボタンが
オンとオフを兼ねている
イメージです。

文字をセルの中央に配置しよう

セルの文字の位置は、あとから自由に変えられます。
ここでは、３行目の項目の文字をセルの中央に配置します。

操作　移動 ▶P.012　左クリック ▶P.013

1 配置を変える準備をします

82ページの方法で、A3セルからE3セルを選択しておきます。

ホーム を

左クリックします。

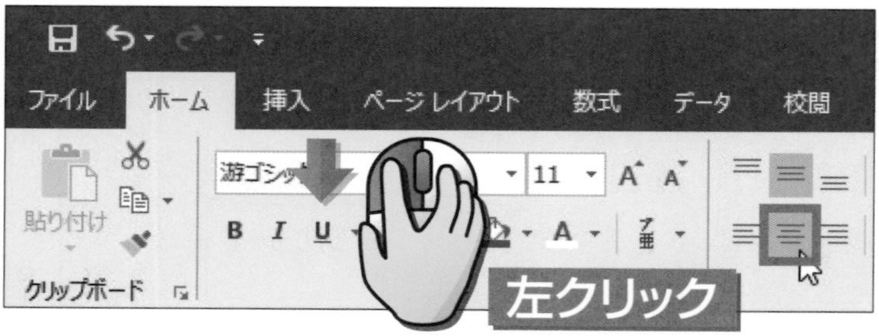

中央揃え に

カーソル を移動して、

左クリックします。

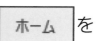

2 文字が中央に配置されました

選択した文字が、セルの中央に配置されました。
56ページの方法で上書き保存し、エクセルを終了します。

	A	B	C	D	E
1	住所録				
2					
3	氏名	郵便番号	住所	電話番号	メールアドレス
4	和田洋一	157-0066	東京都世田谷区成城0-0-0	03-000-1111	wada@example.com
5	青木由奈	430-0805	静岡県浜松市相生町0-0-0	053-000-3333	misuzu@example.com
6	佐藤美香	892-0827	鹿児島県鹿児島市中町0-0-0	090-0000-2222	akari@example.com
7	岡田純一郎	165-0022	東京都中野区江古田0-0-0	080-0000-5555	okada@example.com
8					

文字が中央に配置された

ポイント!

同様の方法で、(右揃え)を左クリックするとセルの右に、(左揃え)を左クリックするとセルの左に配置されます。

コラム 文字を元の位置に戻すには

中央に配置した文字を元の位置に戻すには、
戻したいセルを選択します。

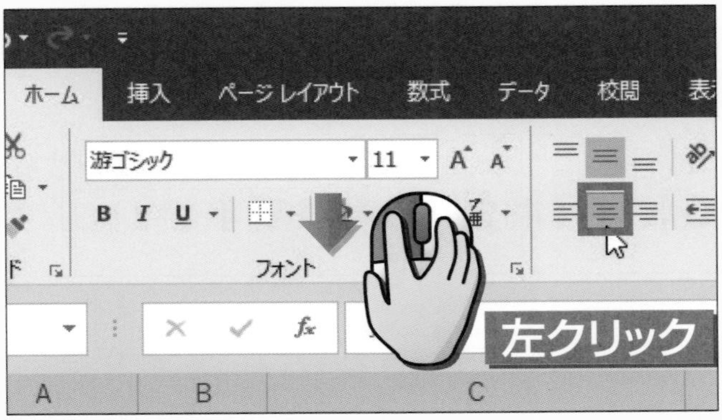

その上で、もう一度

中央揃え

を

左クリックします。

▶ 第4章　練習問題

1 以下の画面の状態でドラッグすると、どの列の幅が変化しますか?

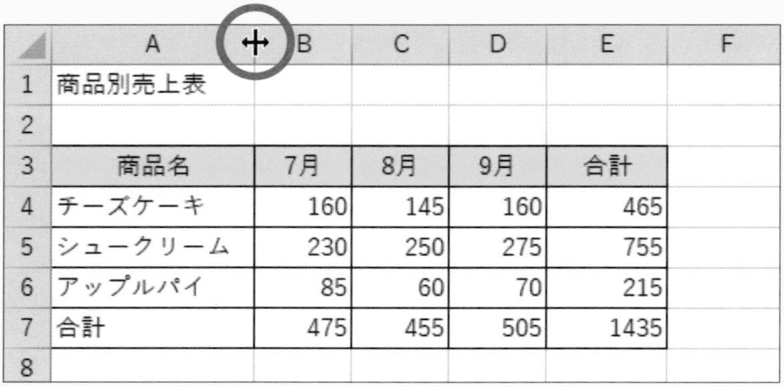

	A	B	C	D	E	F
1	商品別売上表					
2						
3	商品名	7月	8月	9月	合計	
4	チーズケーキ	160	145	160	465	
5	シュークリーム	230	250	275	755	
6	アップルパイ	85	60	70	215	
7	合計	475	455	505	1435	
8						

❶ A列
❷ B列
❸ A列とB列

2 セル内の文字数に合わせて、列幅を自動調整するときの操作はどれですか?

❶ 右クリック
❷ ドラッグ
❸ ダブルクリック

3 セルに色をつけるときに使うボタンはどれですか?

❶ 

❷ 
❸ 

第5章

5 住所録に罫線を引こう

この章で学ぶこと

- 表の罫線を理解していますか?
- 格子の罫線が引けますか?
- 外枠に太線が引けますか?
- 罫線を削除できますか?
- 表を印刷できますか?

この章でやること～表の罫線

この章では、表全体に縦線や横線などの罫線を引く操作と、
不要な罫線を消す操作を覚えましょう。

罫線ってなに?

ワークシートに表示されている薄いグレーの縦線や横線は、
画面では見えていても、実際には印刷されません。
線を印刷するには、罫線を引く必要があります。

罫線を引く前（薄い線が引かれている）

2					
3	氏名	郵便番号	住所	電話番号	メールアドレス
4	和田洋一	157-0066	東京都世田谷区成城0-0-0	03-000-1111	wada@example.com
5	青木由奈	430-0805	静岡県浜松市相生町0-0-0	053-000-3333	misuzu@example.com
6	佐藤美香	892-0827	鹿児島県鹿児島市中町0-0-0	090-0000-2222	akari@example.com
7	岡田純一郎	165-0022	東京都中野区江古田0-0-0	080-0000-5555	okada@example.com
8					

罫線を引いたあと（濃い線が引かれた）

2					
3	氏名	郵便番号	住所	電話番号	メールアドレス
4	和田洋一	157-0066	東京都世田谷区成城0-0-0	03-000-1111	wada@example.com
5	青木由奈	430-0805	静岡県浜松市相生町0-0-0	053-000-3333	misuzu@example.com
6	佐藤美香	892-0827	鹿児島県鹿児島市中町0-0-0	090-0000-2222	akari@example.com
7	岡田純一郎	165-0022	東京都中野区江古田0-0-0	080-0000-5555	okada@example.com
8					

罫線の種類

この章では、第４章までで作成した「住所録」ファイルに、
次の**２種類の罫線**を引きます。

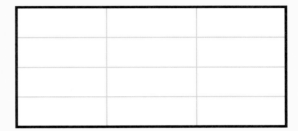

● 格子

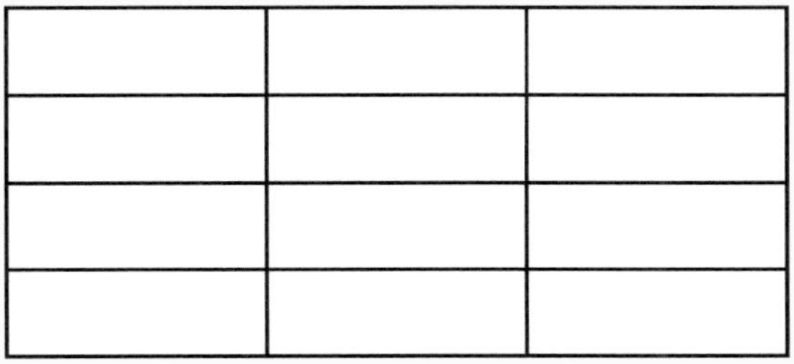

● 太い外枠

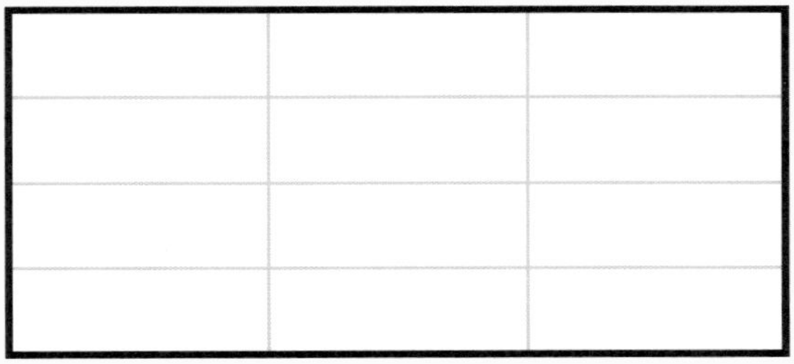

罫線を引くには?

罫線を引くには、次の**２つの操作**を行います。

❶ 罫線を引く範囲を決める

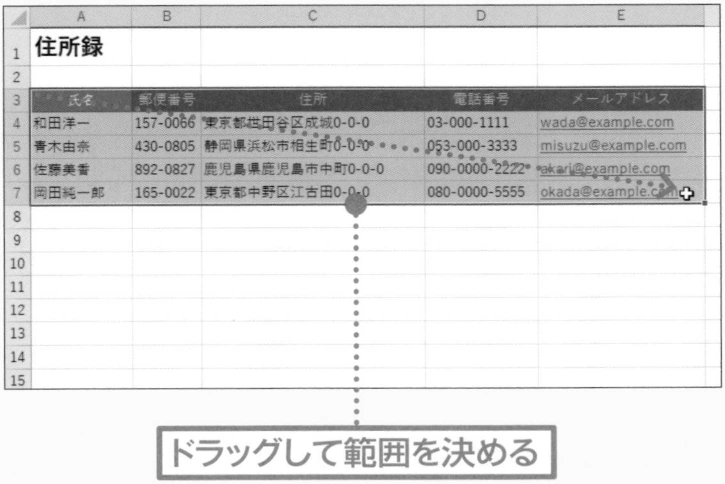

❷ 罫線の種類を選ぶ

表に格子の罫線を引こう

住所録の表全体に格子の罫線を引きます。
格子の罫線を引くと、縦線、横線、外枠がつきます。

操作　左クリック ▶P.013　ドラッグ ▶P.014

1 表全体を選択します

38ページの方法で、「住所録」ファイルを開いておきます。
82ページの方法で、A3セルからE7セルまで斜め右下に

ドラッグします。

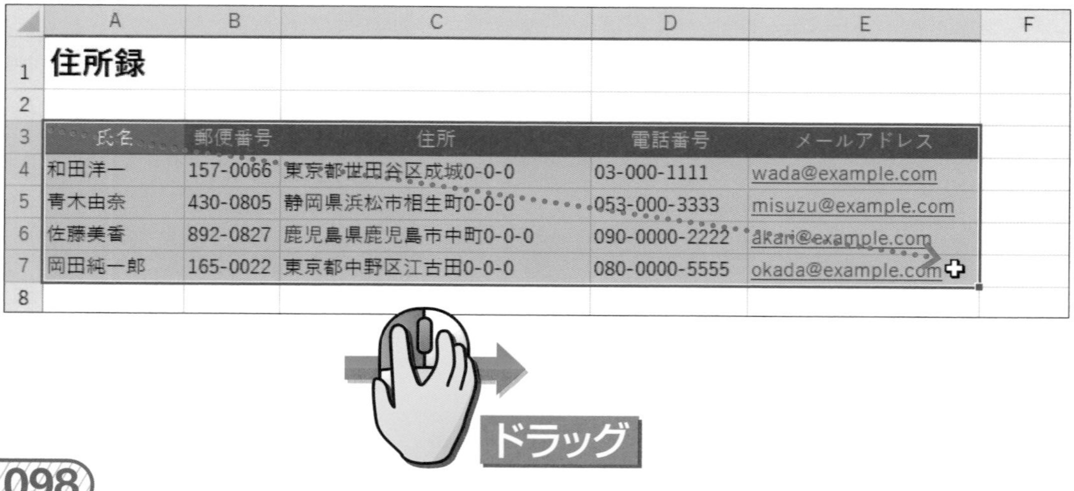

2 格子の罫線を引きます

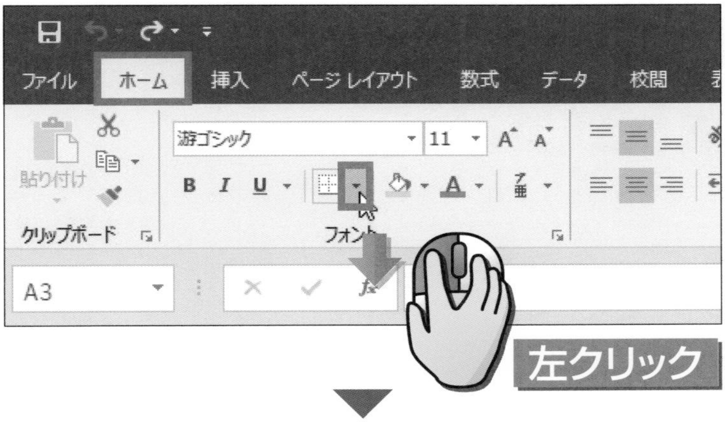

ホーム を

左クリックします。

罫線

の右側の を

左クリックします。

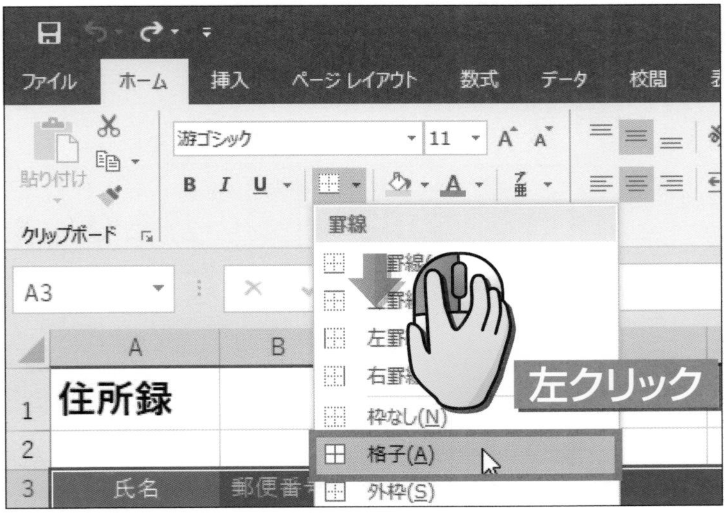

罫線の種類が一覧で表示されます。

格子(A) を

左クリックします。

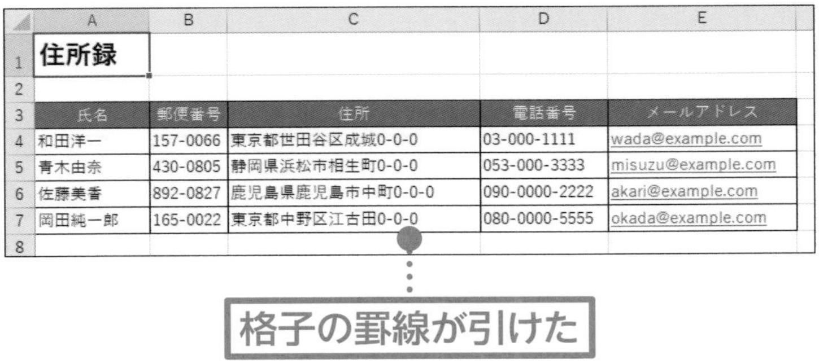

格子の罫線が引けました。

ポイント！

他のセルを左クリックして選択を解除すると、引いた罫線がはっきり見えます。

表の外枠を太線にしよう

先ほど引いた格子の線の外側に、太線を引きます。
最初に引いた線が、あとから引いた太線に置き換わります。

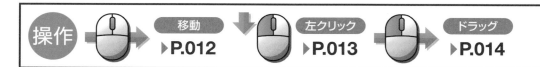

操作　移動 ▶P.012　左クリック ▶P.013　ドラッグ ▶P.014

1 表全体を選択します

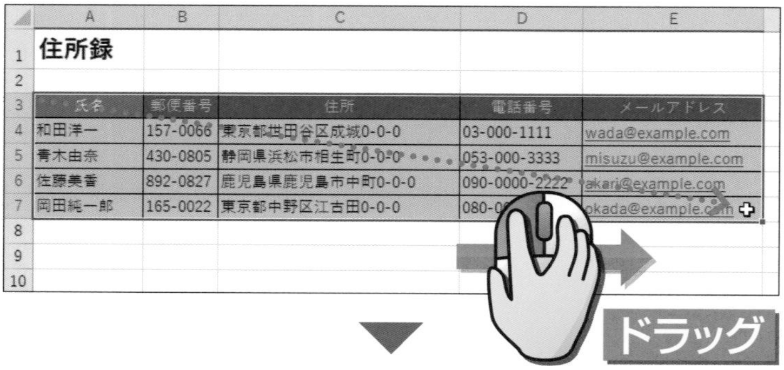

82ページの方法で、
A3セルからE7セルまで
斜め右下に
ドラッグします。

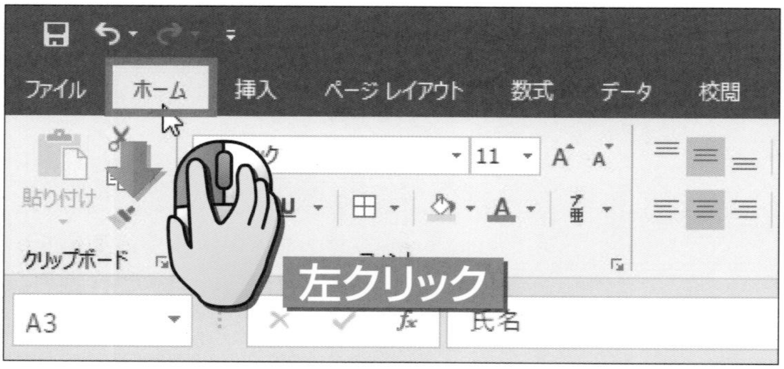

ホーム に
カーソルを移動して、
左クリックします。

2 外枠に太線を引きます

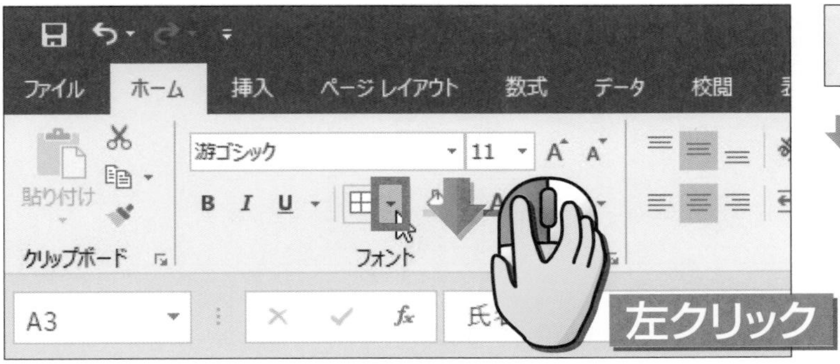

罫線 の右側の ▼ を左クリックします。

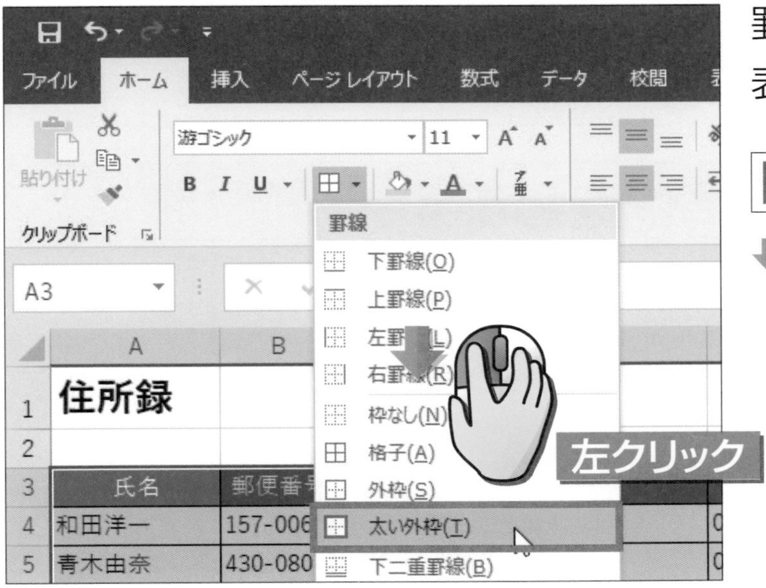

罫線の種類が一覧で表示されます。

太い外枠(T) を左クリックします。

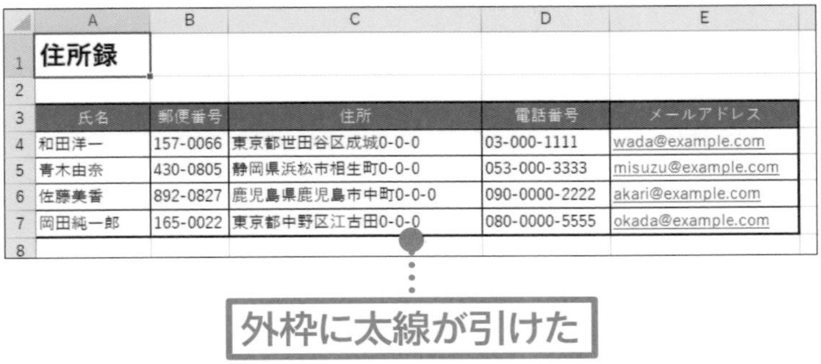

外枠に太線が引けました。

ポイント！

他のセルを左クリックして選択を解除すると、引いた罫線がはっきり見えます。

罫線を消そう

引いた線は、あとから消すことができます。
ここでは、表の下側に引いた格子の罫線を消してみましょう。

操作
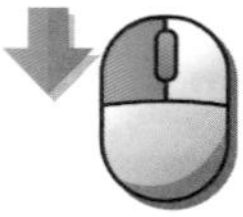
左クリック
▶P.013

ドラッグ
▶P.014

1 罫線を消す準備をします

98ページの方法で、B10セルからC12セルに格子の罫線を引いておきます。

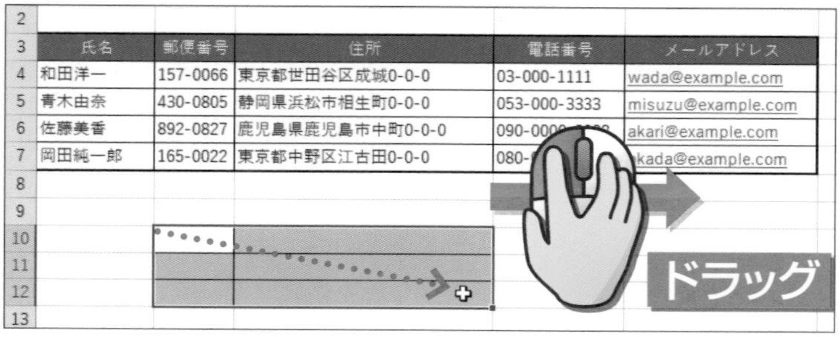

B10セルからC12セルを  ドラッグして選択します。

2 罫線を削除します

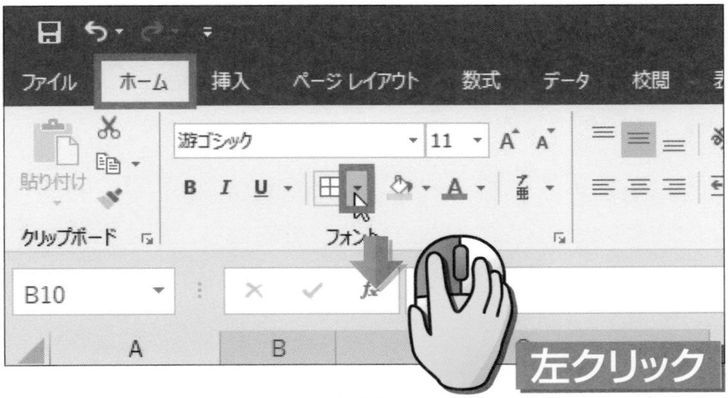

ホーム を

左クリックします。

罫線

の右側の を

左クリックします。

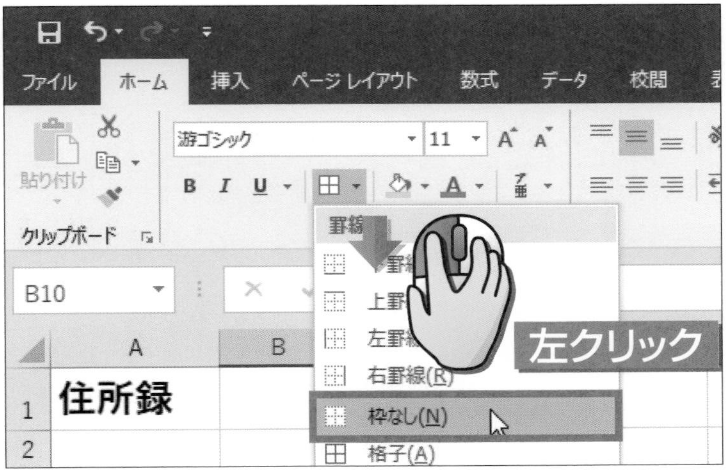

罫線の種類が一覧で表示されます。

枠なし(N) を

左クリックします。

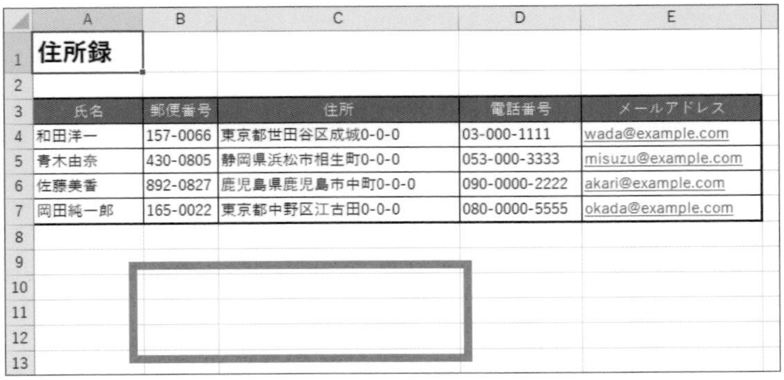

罫線が消えました。

住所録を印刷しよう

ここまでで作成した住所録を印刷しましょう。
実際に印刷する前に、正しく印刷されるかどうかを確認します。

操作　移動 ▶P.012　左クリック ▶P.013

1 「ファイル」タブを左クリックします

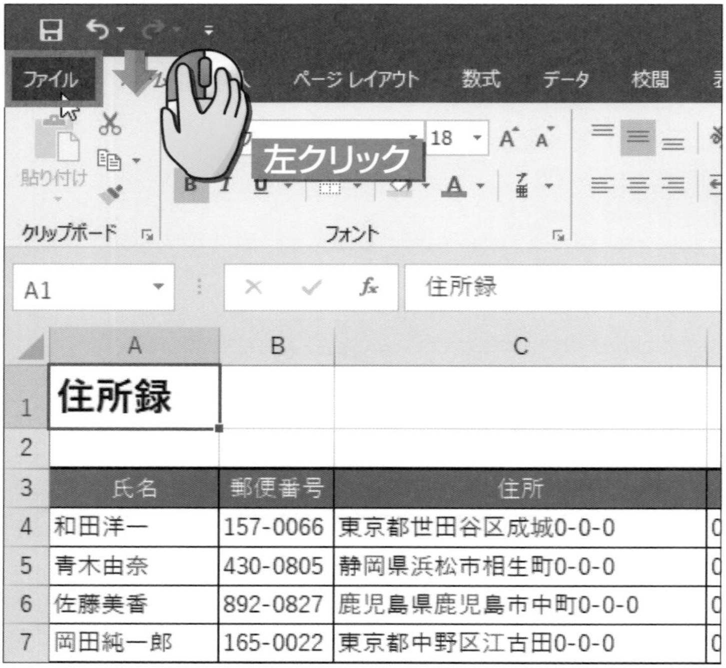

プリンターの準備を整えておきます。

ファイル を

左クリックします。

2 印刷イメージを表示します

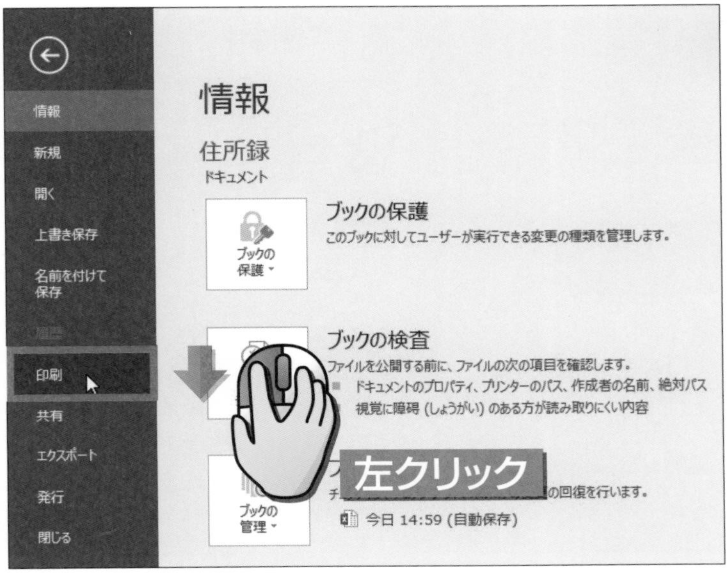

印刷 に

カーソル を移動して、

左クリックします。

3 印刷イメージが表示されました

印刷イメージが表示されました。

住所録の右端の「メールアドレス」が表示されていないので、次ページからの方法で調整します！

次へ >>>

4 用紙の向きを変更します

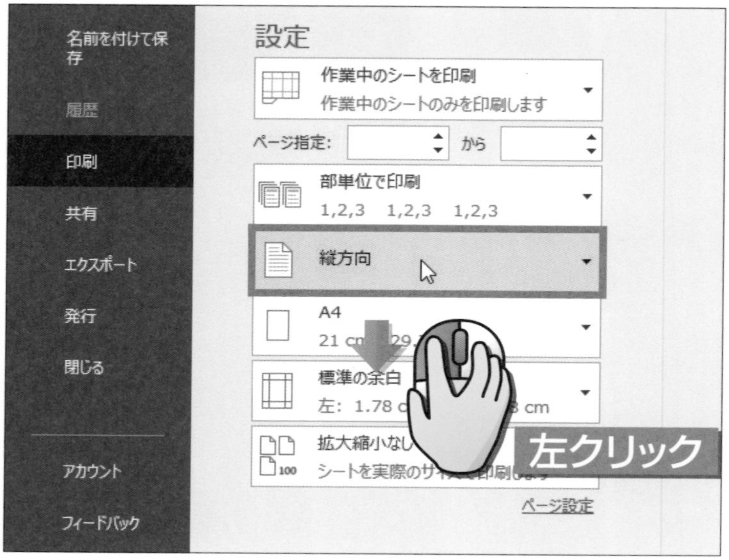

縦方向 に

カーソル を移動して、

左クリックします。

ポイント!

ここでは、用紙の向きを縦から横に変更することで、1枚の用紙に表全体を収めます。

5 「横方向」を左クリックします

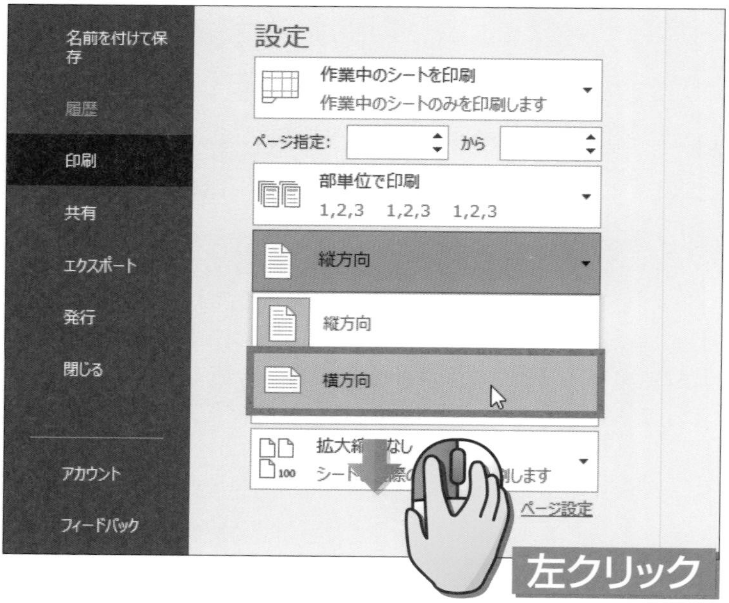

横方向 に

カーソル を移動して、

左クリックします。

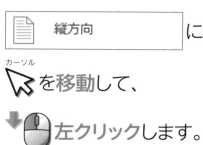

6 印刷を実行します

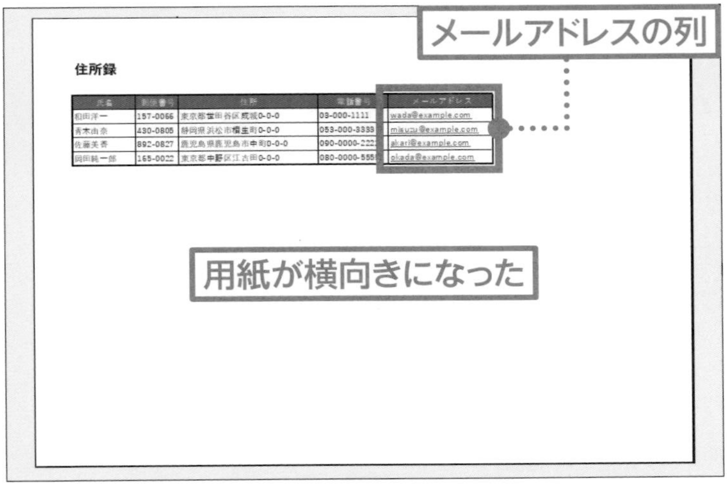

用紙を横向きに
変更できました。

ポイント!

用紙を横向きに変更した結果、右端の「メールアドレス」の列が表示されました。

プリンター に、
印刷を行う
プリンターの名前が
表示されていることを
確認します。

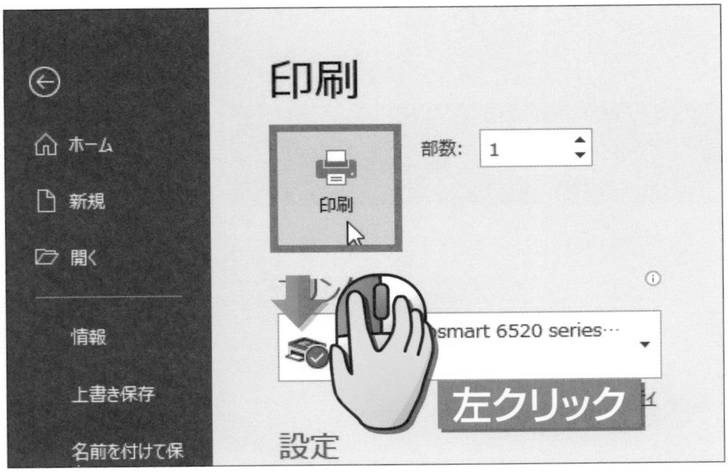

印刷 を
左クリックします。

印刷が始まります。

ポイント!

56ページの方法で上書き保存し、エクセルを終了します。

第5章　練習問題

1

格子の罫線を引くときに使うボタンはどれですか?

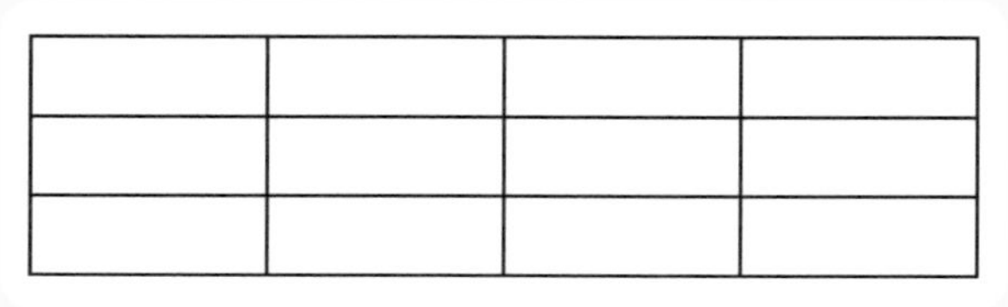

❶ 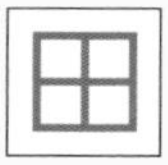　❷ 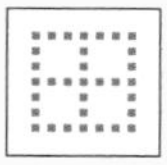　❸ 

2

格子の罫線を引いたあとで、外枠太罫線を引くとどうなりますか?

❶ 格子の罫線が消えて、外枠太罫線だけが引かれる
❷ 格子の罫線を引いたあとに、外枠太罫線を引くことはできない
❸ 格子の罫線はそのままで、外枠だけが太罫線に置き換わる

3

表を印刷するときに、最初に左クリックするのはどこですか?

❶ 「ファイル」タブ
❷ 「ホーム」タブ
❸ 「表示」タブ

第6章

6 住所録を検索・並べ替えよう

この章で学ぶこと

- 連続した番号を一度に入力できますか?
- 五十音順に並べ替えることができますか?
- 昇順に並べ替えることができますか?
- 特定の文字を検索できますか?

この章でやること～並べ替えと検索

表のデータを並べ替えると、使いやすくなります。
また、キーワードを手掛かりに、データを検索することもできます。

「並べ替え」ってなに?

表のデータは、最初は入力した順番で上下に並んでいますが、
あとから別の順番に並べ替えることができます。

昇順

	A	B	C	D
1	番号	氏名	年齢	
2	1	和田洋一	43	
3	2	青木由奈		
4	3	佐藤美香		
5	4	岡田純一郎	51	
6	5	松山瑛太	33	
7				

「番号」の小さい順

	A	B	C	D
1	番号	氏名	年齢	
2	2	青木由奈	36	
3	4	岡田純一郎	51	
4	3	佐藤美香	29	
5	5	松山瑛太	33	
6	1	和田洋一	43	
7				

「氏名」のあいうえお順

降順

	A	B	C	D
1	番号	氏名	年齢	
2	5	松山瑛太	33	
3	4	岡田純一郎		
4	3	佐藤美香		
5	2	青木由奈	36	
6	1	和田洋一	43	
7				

「番号」の大きい順

	A	B	C	D
1	番号	氏名	年齢	
2	4	岡田純一郎	51	
3	1	和田洋一	43	
4	2	青木由奈	36	
5	5	松山瑛太	33	
6	3	佐藤美香	29	
7				

「年齢」の大きい順

「検索」ってなに?

データの数が増えると、目的のデータを探すのが大変です。
キーワードを入力して、データを探すことを検索と呼びます。

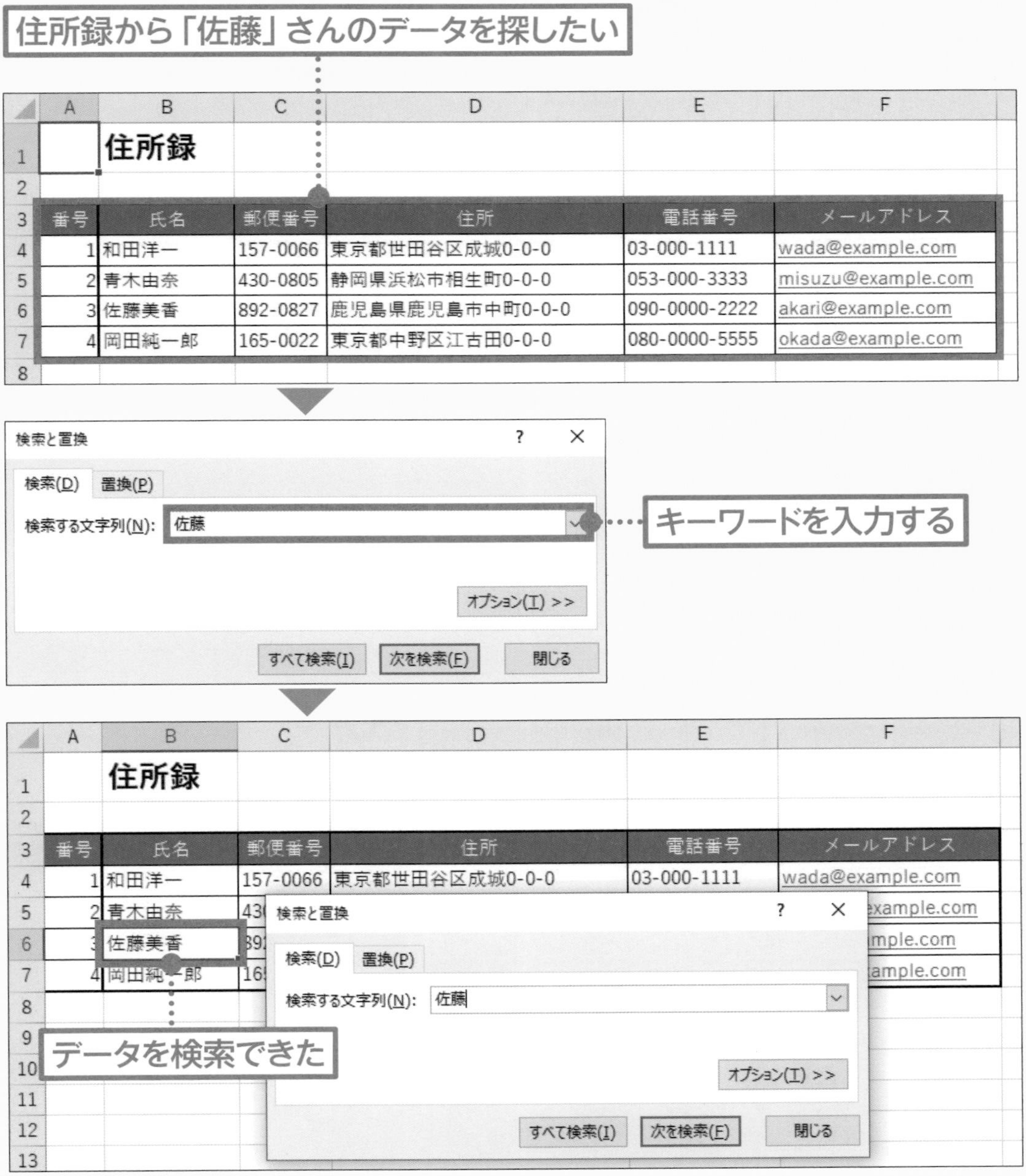

通し番号を振ろう

住所録の左端に「番号」の列を追加して、通し番号を振りましょう。
オートフィルの機能を使って、連続した数字を一度に入力します。

1 列を選択します

38ページの方法で、「住所録」を開いておきます。

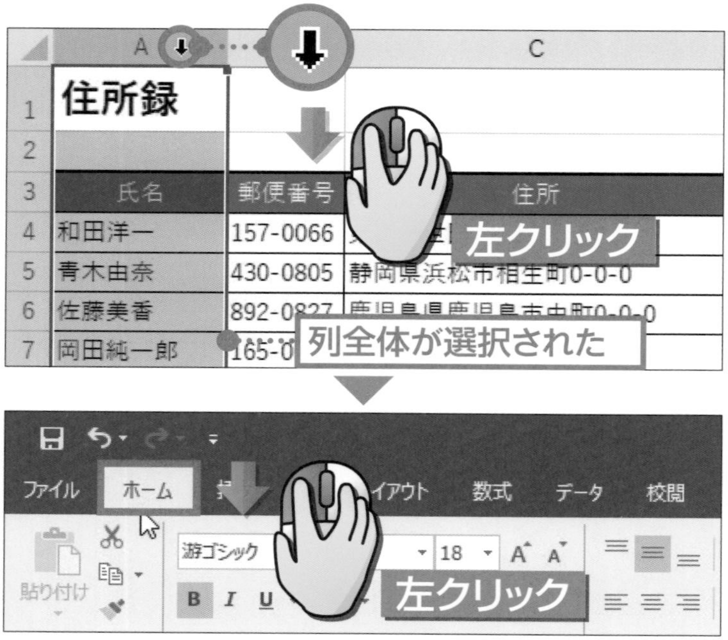

列番号 A に

カーソル ✚ を移動します。

カーソル ✚ が ⬇ になったら、

左クリックします。

ホーム を

左クリックします。

2 列を挿入します

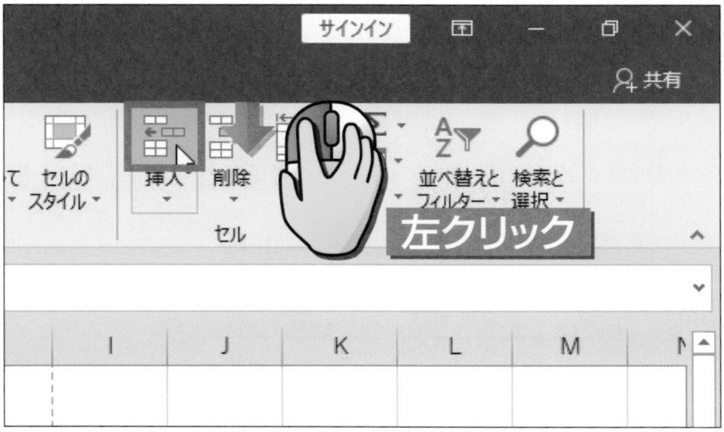

挿入

を

左クリックします。

ポイント!

挿入の部分ではなく、挿入を左クリックするようにします。

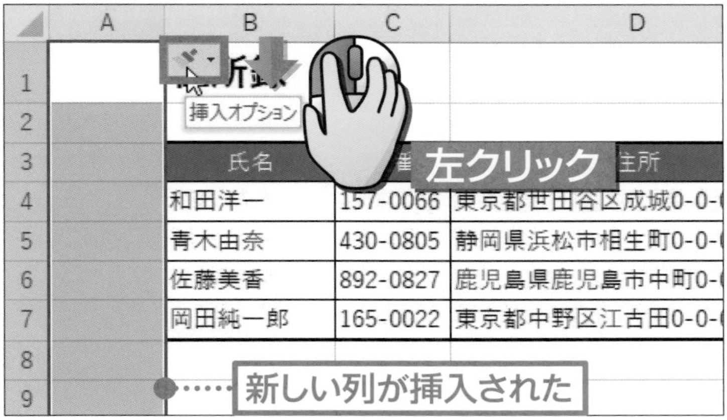

新しい列が
挿入されました。

挿入オプション

を

左クリックします。

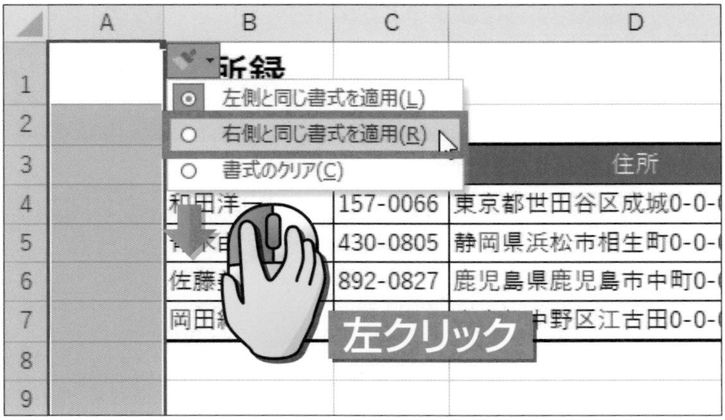

○ 右側と同じ書式を適用(R) を

左クリックします。

次へ >>>

3 右側の列と同じ書式がつきました

追加した列に、表と
同じ書式がつきました。

ポイント！

ここでは、セルの色、文字の色、罫線の書式がつきました。書式について、詳しくは28ページで解説しています。

4 見出しと番号を入力します

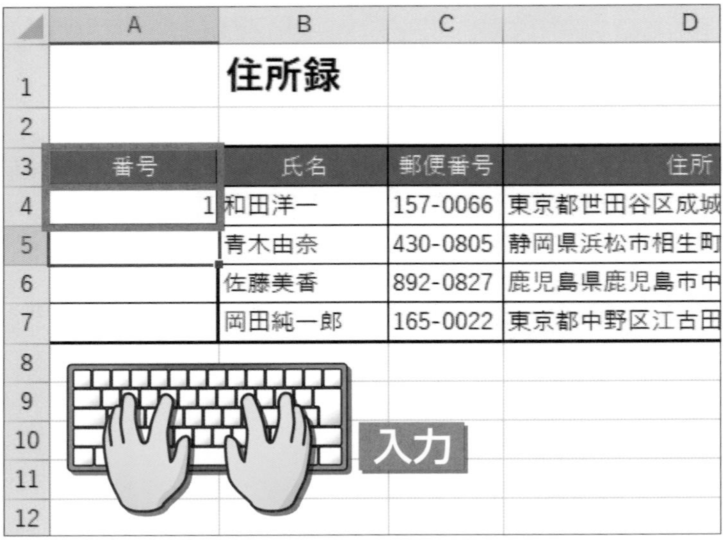

A3セルに、
「番号」と

入力します。

A4セルに、
「1」と

入力します。

5 通し番号を振る準備をします

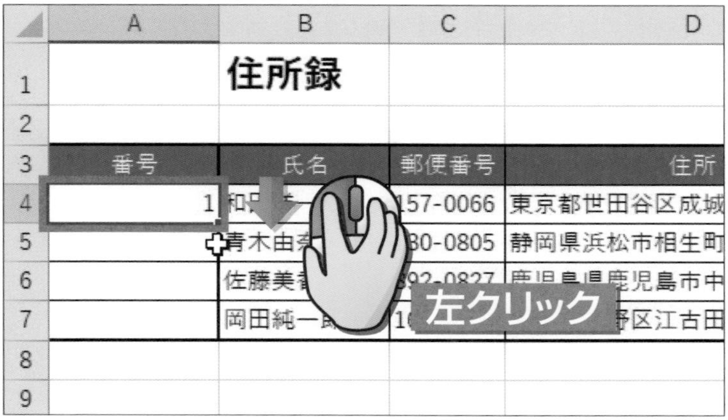

A4 セルを

左クリックします。

A4 セルの右下に

カーソル を移動します。

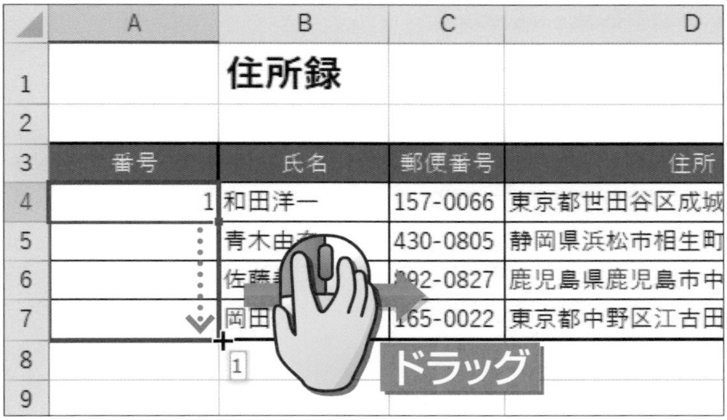

カーソル が ＋ に

なったことを確認し、

そのまま A7 セルまで

ドラッグします。

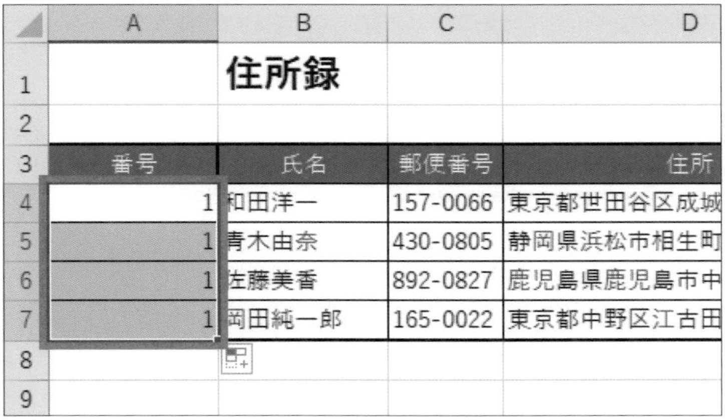

「1」の番号が

コピーされました。

次へ >>>

6 通し番号に変更します

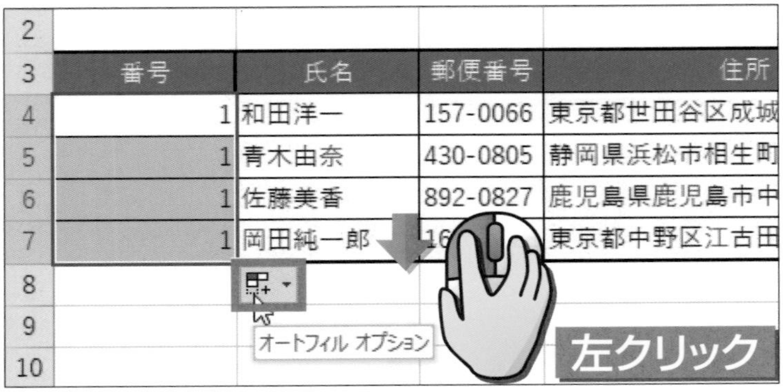

番号
氏名
郵便番号
住所
1 和田洋一 157-0066 東京都世田谷区成城
1 青木由奈 430-0805 静岡県浜松市相生町
1 佐藤美香 892-0827 鹿児島県鹿児島市中
1 岡田純一郎 東京都中野区江古田
オートフィル オプション
左クリック

オートフィルオプション を 左クリックします。

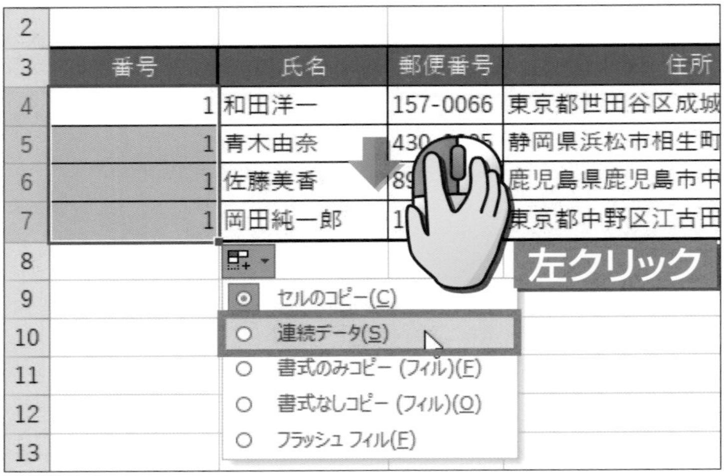

番号
氏名
郵便番号
住所
1 和田洋一 157-0066 東京都世田谷区成城
1 青木由奈 静岡県浜松市相生町
1 佐藤美香 鹿児島県鹿児島市中
1 岡田純一郎 東京都中野区江古田
左クリック
セルのコピー(C)
連続データ(S)
書式のみコピー (フィル)(F)
書式なしコピー (フィル)(O)
フラッシュ フィル(F)

○ 連続データ(S) を 左クリックします。

A
B
C
D
住所録
番号
氏名
郵便番号
住所
1 和田洋一 157-0066 東京都世田谷区成城
2 青木由奈 430-0805 静岡県浜松市相生町
3 佐藤美香 892-0827 鹿児島県鹿児島市中
4 岡田純一郎 165-0022 東京都中野区江古田

通し番号が
入力されました。

ポイント!

この操作を行うと、A7セルの下側の罫線が細くなります。100ページの方法で、A3セルからF7セルに太い外枠の罫線を引き直しましょう。

7 列幅を変更します

A B C D
住所録
番号 氏名 郵便番号 住所
1 和田洋一 157-0066 東京都世田谷区成城
2 青木由奈 430-0805 静岡県浜松市相生町
3 佐藤美香 892-0827 鹿児島県鹿児島市中
4 岡田純一郎 165-0022 東京都中野区江古田

A と

B の間に

カーソルを移動します。

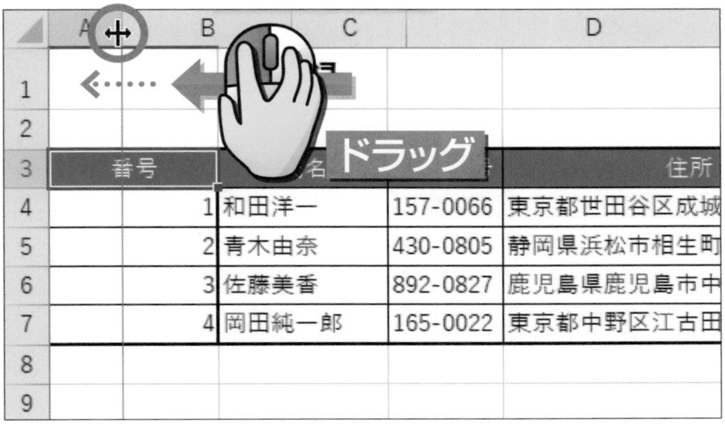

カーソルが に変わったら、

そのまま左方向に

ドラッグします。

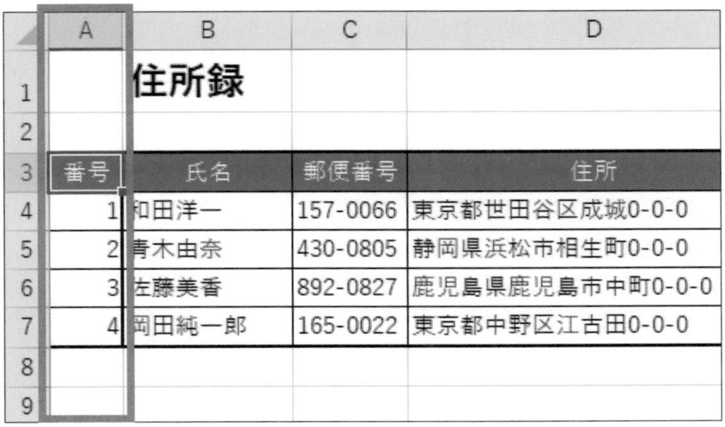

ドラッグした分だけ、

A列の幅が

狭くなります。

ポイント!

列の幅が狭くなりすぎたら、同じ方法で右方向にドラッグします。

五十音順に並べ替えよう

住所録全体を「氏名」の五十音順で並べ替えます。
五十音順にするには、昇順を指定します。

操作　移動 ▶P.012　左クリック ▶P.013

1 基準にするセルを選択します

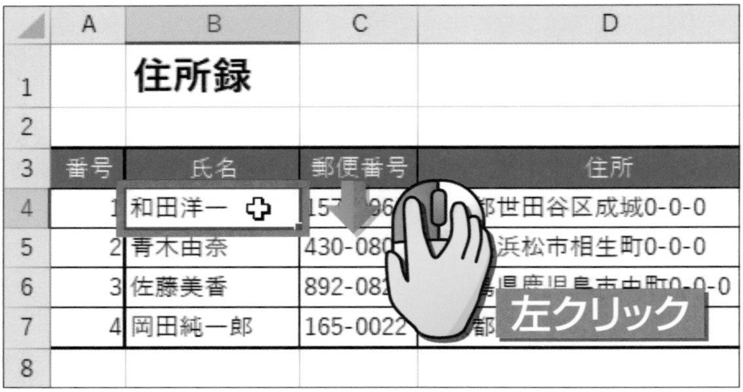

「氏名」を基準に、
五十音順に
並べ替えます。

B4セルを
左クリックします。

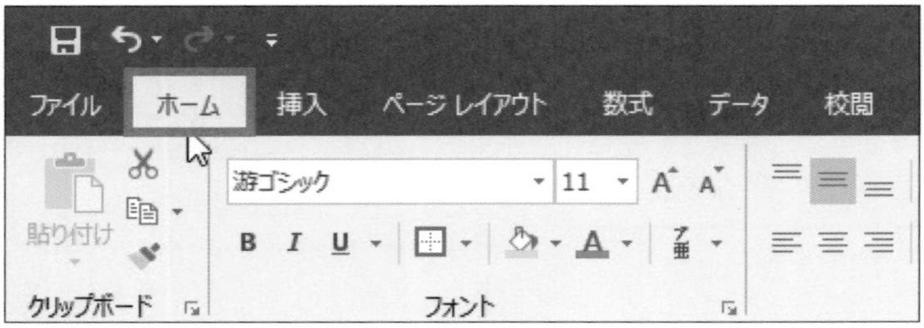

ホーム に
カーソル を移動して、
左クリックします。

2 五十音順に並べ替えます

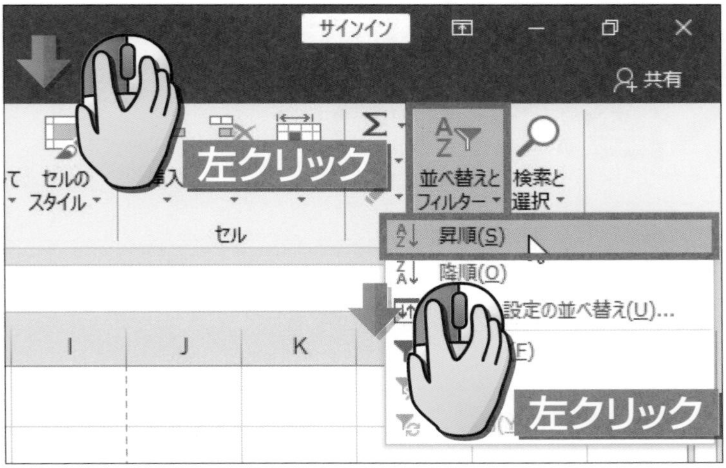

並べ替えとフィルターを左クリックします。

昇順(S)を左クリックします。

	A	B	C	D
1		住所録		
2				
3	番号	氏名	郵便番号	住所
4	2	青木由奈	430-0805	静岡県浜松市相生町0-0-0
5	4	岡田純一郎	165-0022	東京都中野区江古田0-0-0
6	3	佐藤美香	892-0827	鹿児島県鹿児島市中町0-0-0
7	1	和田洋一	157-0066	東京都世田谷区成城0-0-0
8				
9				

五十音順に並んだ

「氏名」を基準として、表全体が五十音順に並び替わりました。

コラム 漢字の読みで並べ替える

文字の列を五十音順に並べるときは、**漢字に変換したときの読み**をもとにして並べ替えています。そのため、入力時の読みが間違っていると、正しく五十音順に並ばないので注意しましょう。

通し番号で並べ替えよう

住所録全体を「番号」の小さい順に並べ替えます。
数字の小さい方から大きい方に並べ替えるには、昇順を指定します。

操作　移動 ▶P.012　左クリック ▶P.013

1 基準にするセルを選択します

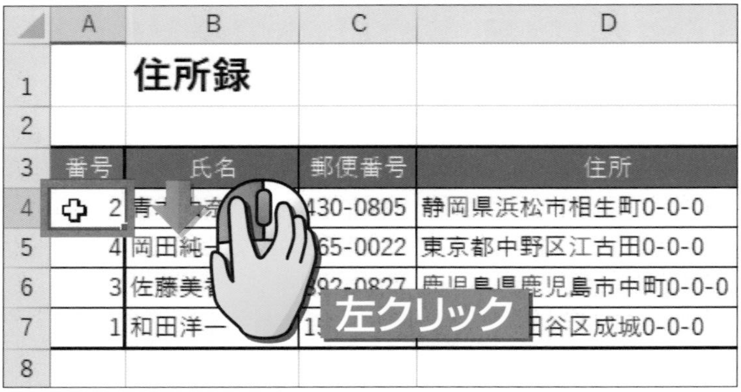

「番号」を基準に、
昇順に並べ替えます。

A4セルを
左クリックします。

ホーム に
カーソル を移動して、
左クリックします。

2 昇順に並べ替えます

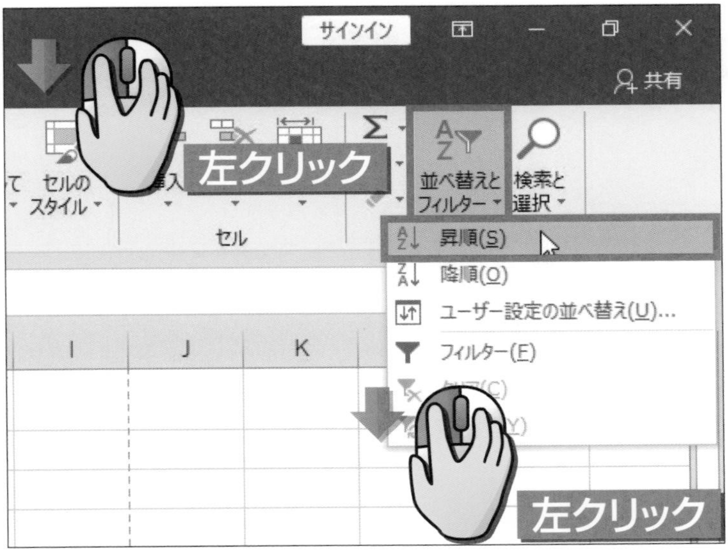

を

左クリックします。

昇順(S) を

左クリックします。

3 「番号」を基準に並び替わりました

	A	B	C	D
1		住所録		
2				
3	番号	氏名	郵便番号	住所
4	1	和田洋一	157-0066	東京都世田谷区成城0-0-0
5	2	青木由奈	430-0805	静岡県浜松市相生町0-0-0
6	3	佐藤美香	892-0827	鹿児島県鹿児島市中町0-0-0
7	4	岡田純一郎	165-0022	東京都中野区江古田0-0-0
8				
9				
10				

番号の昇順に並び替わった

「番号」を基準に、
表全体が昇順に
並び替わりました。

A列に入力した番号の順に
並び替わりました！

データを検索しよう

住所録のデータが増えてくると、目的のデータを探すのがたいへんになります。
ここでは特定の氏名のデータを検索します。

操作　移動 ▶P.012　左クリック ▶P.013　入力 ▶P.015

1 A1セルを選択します

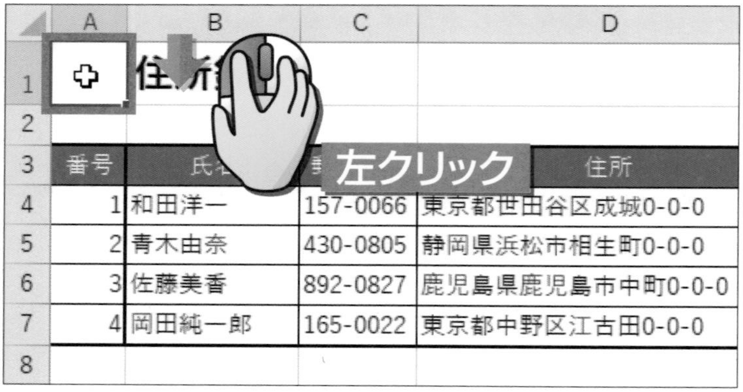

A1セルに
カーソル（カーソル）を移動して、
左クリックします。

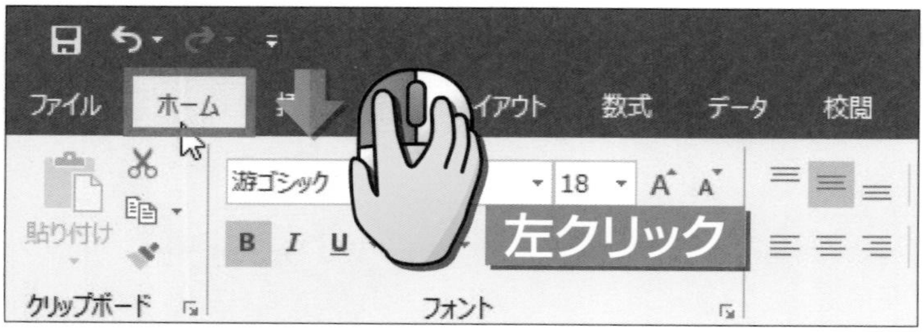

ホーム を
左クリックします。

2 「検索と選択」を左クリックします

に

カーソル
を移動して、

左クリックします。

3 検索画面を開きます

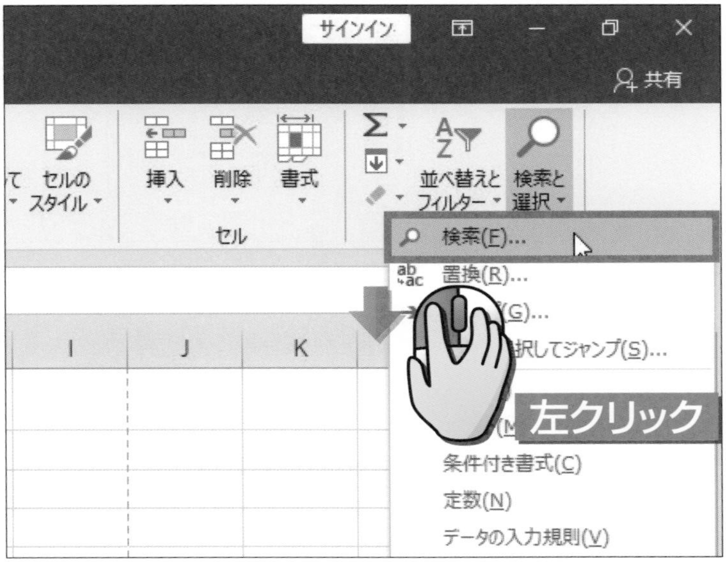

を

左クリックします。

ポイント!

パソコンの画面のサイズによって、ボタンの形が変わることがあります。

次へ >>>

4 データを検索します

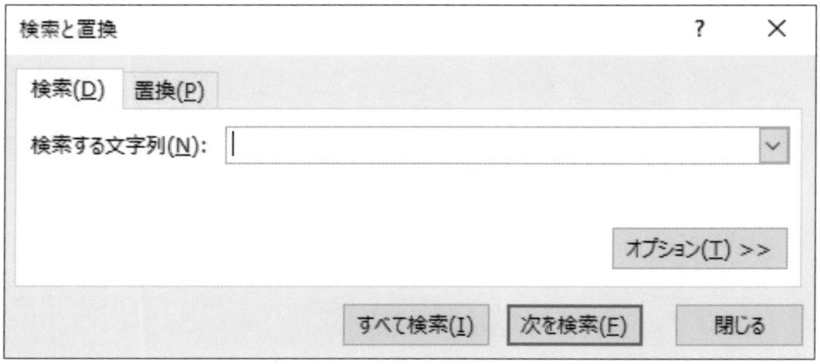

検索画面が開きました。

検索する文字列(N): の
右側に、
検索する文字
（ここでは「佐藤」）を
入力します。

次を検索(F) を
左クリックします。

この方法を使えば、名字でも名前でも、その一部の文字で検索できます！

検索結果が表示されます

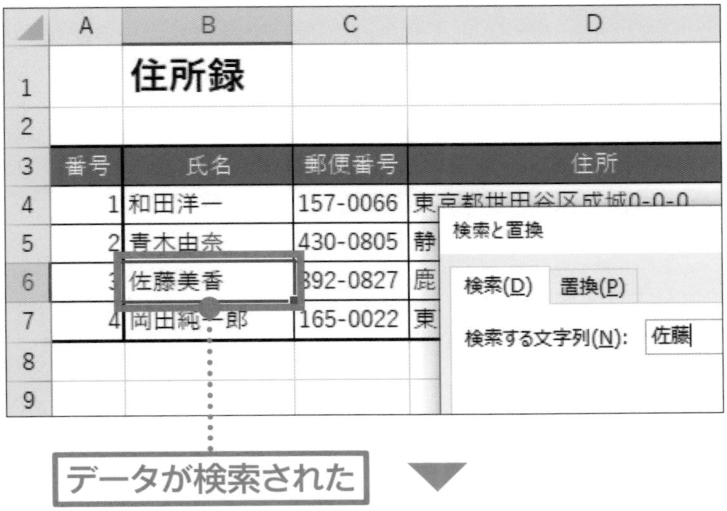

A
B
C
D
住所録
番号
氏名
郵便番号
住所
1 和田洋一 157-0066 東京都世田谷区成城0-0-0
2 青木由奈 430-0805 静
3 佐藤美香 892-0827 鹿
4 岡田純一郎 165-0022 東
検索と置換
検索(D)
置換(P)
検索する文字列(N):
佐藤
データが検索された

住所録全体から
佐藤さんのデータが
検索されて、
緑の枠線で囲まれます。

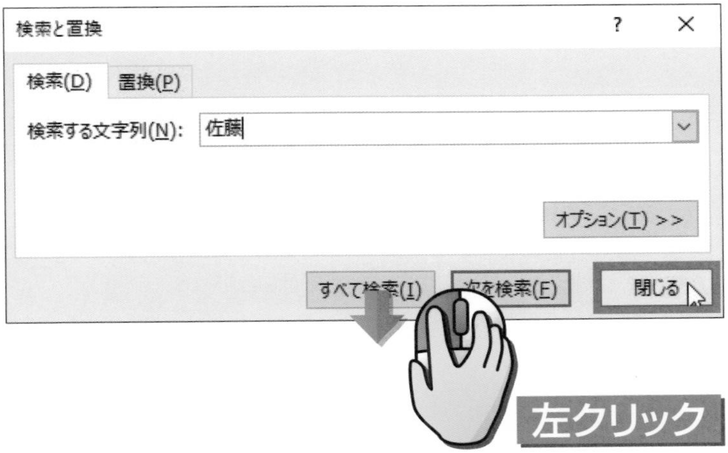

検索が終了したら、

閉じる を

左クリックします。

ポイント!

56ページの方法で上書き保存し、エクセルを終了します。

コラム 検索したいデータが複数あるときは

住所録に検索したいデータが複数あるときは、

次を検索(F) を左クリックするたびに、

検索したいデータの入ったセルが選択されます。

▶第6章　練習問題

1

以下の表を「合計」の大きい順に並べ替えます。最初に左クリックするセルはどこですか？

	A	B	C	D	E	F
1	商品別売上表					
2						
3	商品名	7月	8月	9月	合計	
4	チーズケーキ	160	145	160	465	
5	シュークリーム	230	250	275	755	
6	アップルパイ	85	60	70	215	
7						

❶ E4セル
❷ E1セル
❸ A1セル

2

五十音順に並べ替えるときは、昇順と降順のどちらを指定しますか？

❶ 昇順
❷ 降順

3

データを検索するときに使うボタンはどれですか？

❶ 
❷ 

❸ 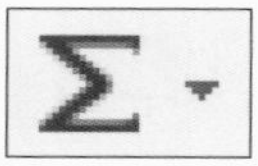

第7章

7 ウォーキング記録を作ろう

この章で学ぶこと

- 計算のしくみがわかりますか?
- 日付を入力できますか?
- 計算式を入力できますか?
- 計算式をコピーできますか?
- 特定のセルを目立たせられますか?

この章でやること～計算のしくみ

今までの章では、文字の入力を学習しました。
この章では、数値を使って計算を行う表を作成します。

計算式ってなに?

エクセルでは計算を行うことができます。
算数で計算式を作るのと同じように、
エクセルでも計算を行うには計算式を入力します。

算数の計算式

10＋20＝

エクセルの計算式

＝10＋20

算数と異なり、
＝が計算式の先頭につく

計算式を入力するには？

計算式を入力するときは、まず、先頭に「=」を入力します。
計算式を入力すると、セルに計算結果が表示されます。
数値の代わりに、セルを指定して計算することもできます。

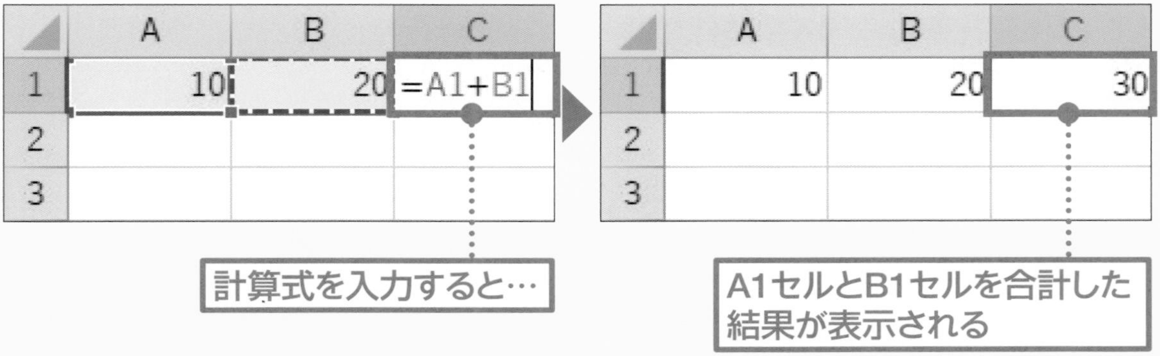

エクセルで計算すると何が便利？

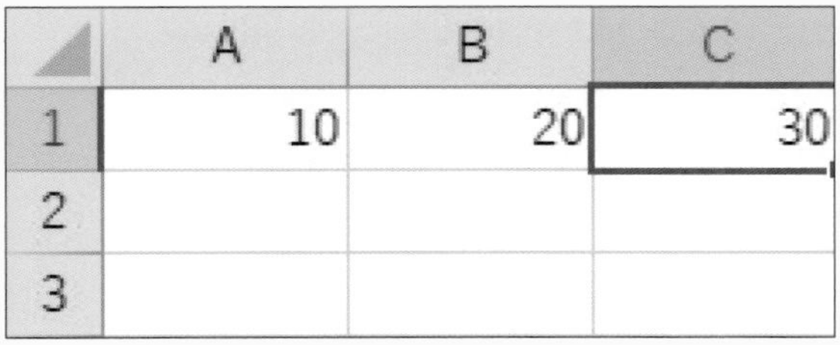

計算式に使ったセルの数値を
書き換えると、
計算結果が自動的に変わります。

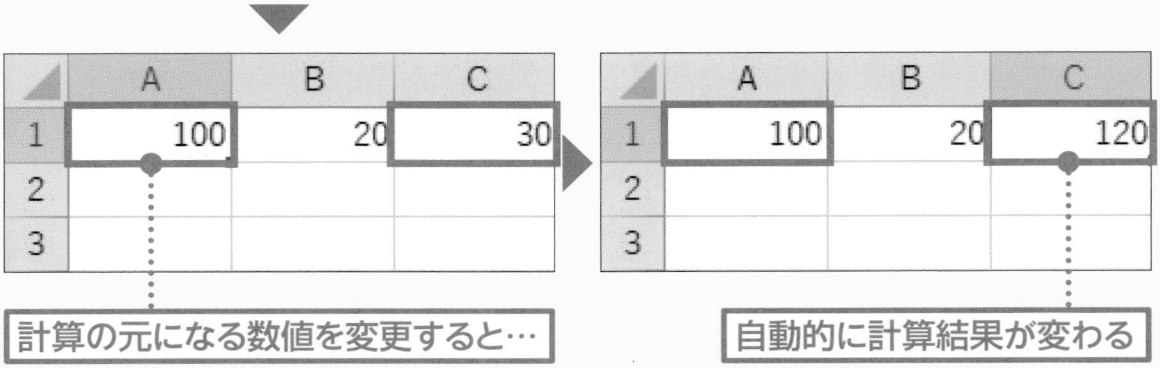

「ウォーキング記録」の項目を作ろう

最初に、「ウォーキング記録」に必要な項目を準備します。
表に必要なタイトルや項目を入力しましょう。

操作　移動 ▶P.012　左クリック ▶P.013　入力 ▶P.015

1 タイトルや項目を入力します

20ページの方法でエクセルを起動し、新規ファイルを作成します。

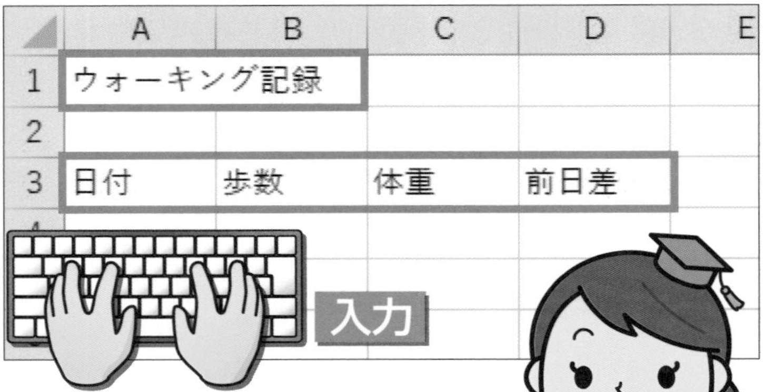

半角／全角 キーを押して、A を あ に切り替えます。

左の画面のように、タイトルと項目を入力します。

上の画面の通りに正しく入力してください！

2 歩数と体重を入力します

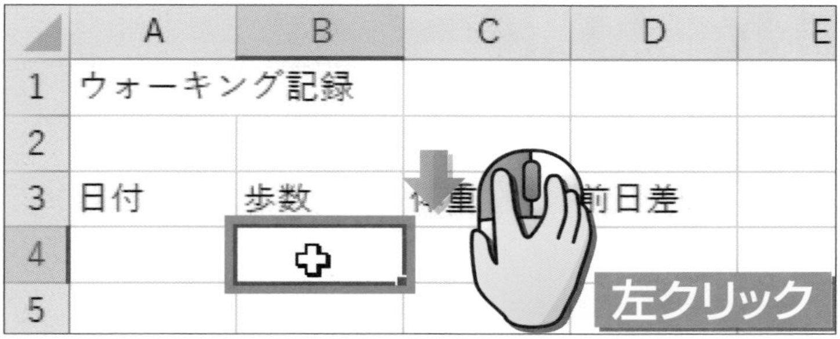

	A	B	C	D	E
1	ウォーキング記録				
2					
3	日付	歩数	体重	前日差	
4					
5					

B4セルに

カーソルを移動して、

左クリックします。

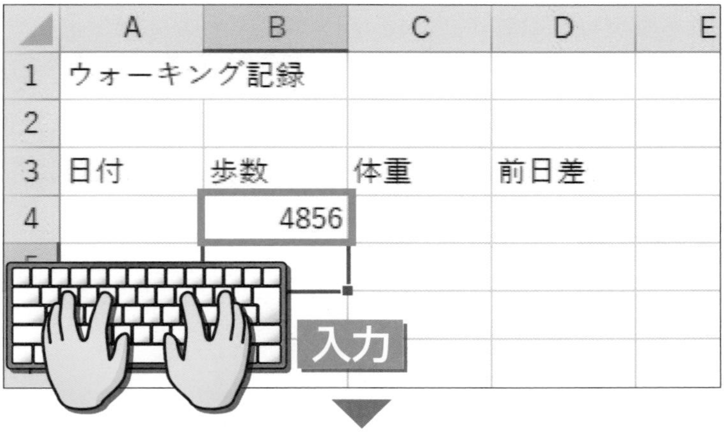

	A	B	C	D	E
1	ウォーキング記録				
2					
3	日付	歩数	体重	前日差	
4		4856			

半角／全角キーを押して、

あ を A に

切り替えます。

歩数を

入力します。

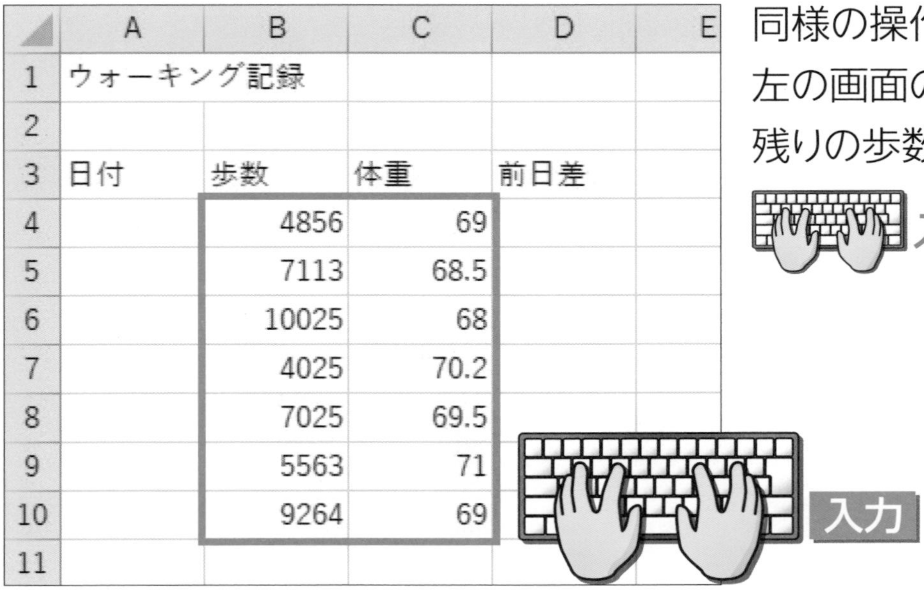

	A	B	C	D	E
1	ウォーキング記録				
2					
3	日付	歩数	体重	前日差	
4		4856	69		
5		7113	68.5		
6		10025	68		
7		4025	70.2		
8		7025	69.5		
9		5563	71		
10		9264	69		
11					

同様の操作で、

左の画面のように、

残りの歩数と体重を

入力します。

数値にカンマをつけよう

ここでは、28ページで学習した書式の設定を行います。
「歩数」の数値に、3ケタごとの位取りのカンマをつけましょう。

操作　左クリック ▶P.013　ドラッグ ▶P.014

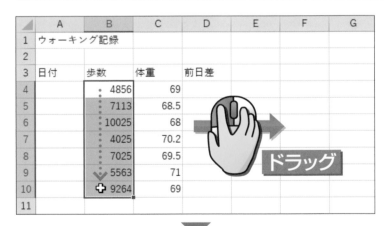

1 セルを選択します

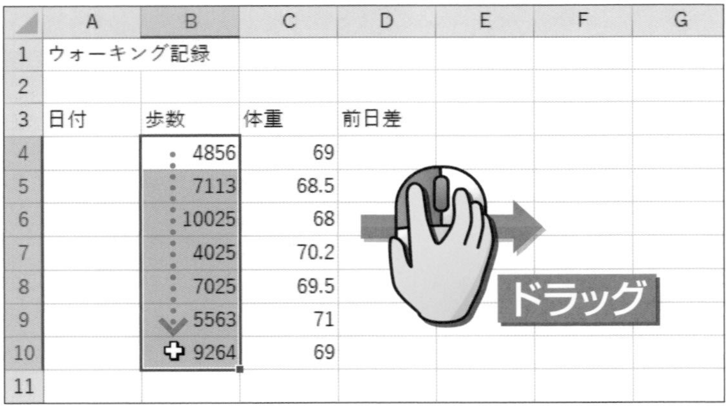

82ページの方法で、B4セルからB10セルをドラッグして選択します。

ホーム を左クリックします。

2 カンマをつけます

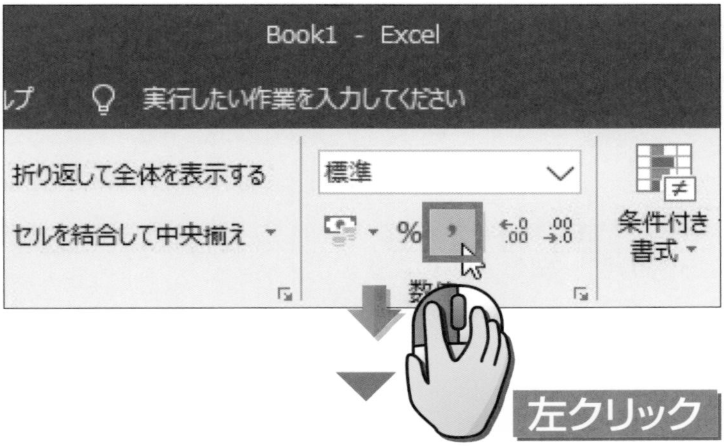

桁区切りスタイル を

左クリックします。

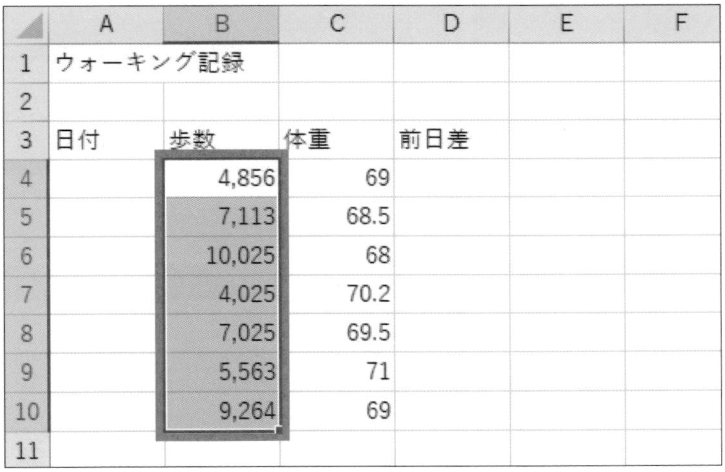

	A	B	C	D	E	F
1	ウォーキング記録					
2						
3	日付	歩数	体重	前日差		
4		4,856	69			
5		7,113	68.5			
6		10,025	68			
7		4,025	70.2			
8		7,025	69.5			
9		5,563	71			
10		9,264	69			
11						

数値にカンマがつきました。

コラム 「¥」記号もつけられる

通貨表示形式 を左クリックすると、「¥」記号とカンマが同時につきます。

日付を入力しよう

「ウォーキング記録」のＡ列に日付のデータを入力します。
１週間分の日付を自動的に表示します。

操作　左クリック ▶P.013　ドラッグ ▶P.014　入力 ▶P.015

1 セルを選択します

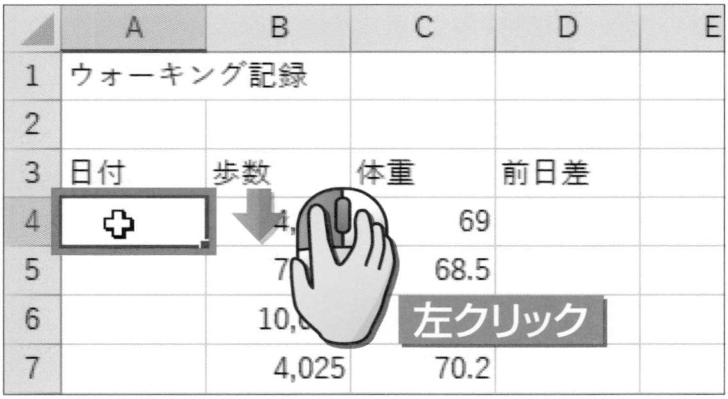

A4セルに（カーソル）を移動して、左クリックします。

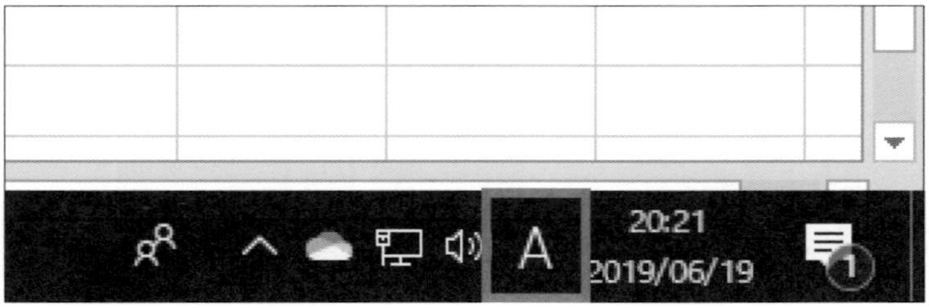

入力モードアイコンが A になっていることを確認します。

2 日付を入力します

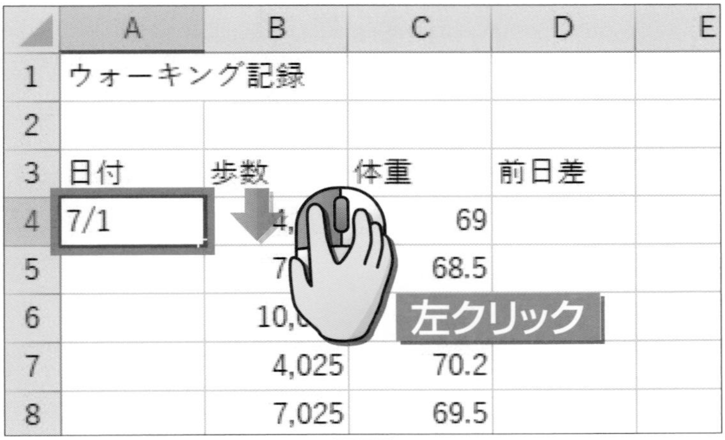

「7/1」と入力します。

ポイント！

「/」（スラッシュ）は、（め）キーを押して入力します。

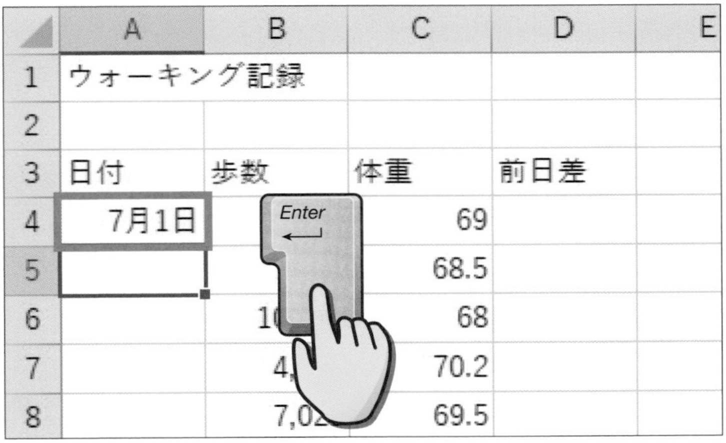

キーを押すと、

「7月1日」と表示されます。

次へ >>>

コラム 「/」で区切ると日付になる

数字を「/」記号で区切って「1/1」のように入力すると、エクセルが日付と認識して、「1月1日」のように表示されます。

1/1 ▶ 1月1日

3 連続した日付を表示する準備をします

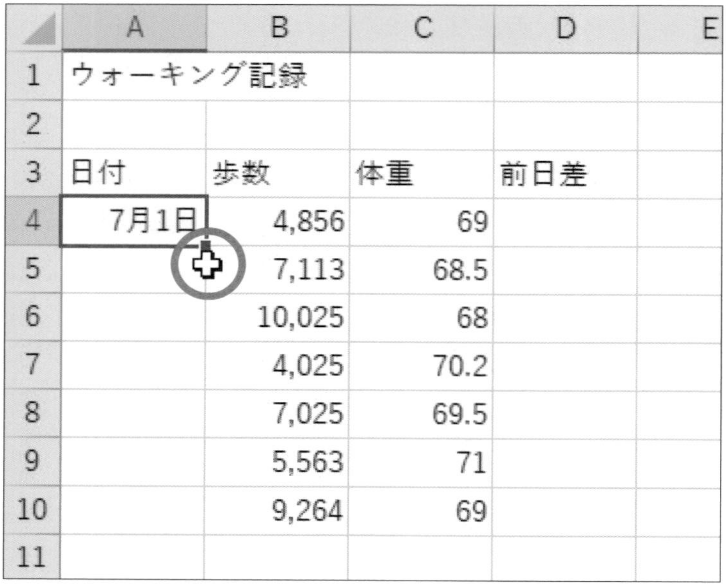

	A	B	C	D	E
1	ウォーキング記録				
2					
3	日付	歩数	体重	前日差	
4	7月1日	4,856	69		
5		7,113	68.5		
6		10,025	68		
7		4,025	70.2		
8		7,025	69.5		
9		5,563	71		
10		9,264	69		
11					

A4セルを

左クリックします。

A4セルの右下に

カーソルを移動します。

4 カーソルの形が変化します

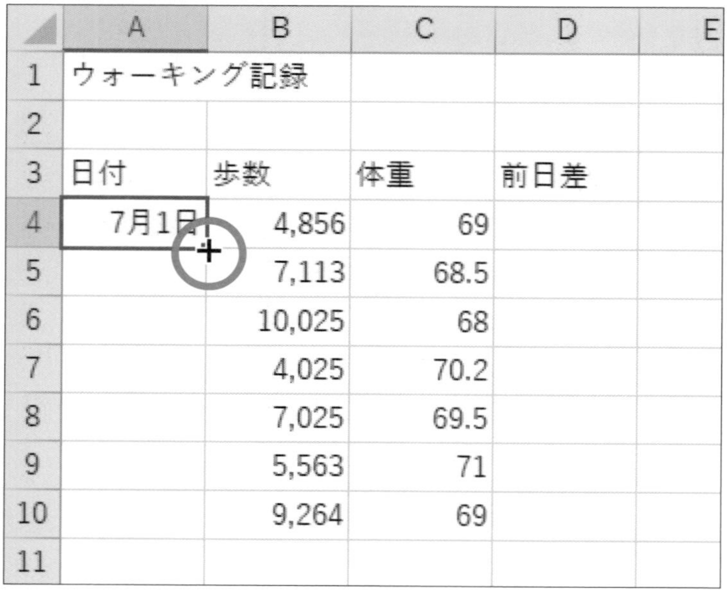

	A	B	C	D	E
1	ウォーキング記録				
2					
3	日付	歩数	体重	前日差	
4	7月1日	4,856	69		
5		7,113	68.5		
6		10,025	68		
7		4,025	70.2		
8		7,025	69.5		
9		5,563	71		
10		9,264	69		
11					

カーソルが＋に

なったことを確認します。

115ページでも同様の操作をしましたが、この操作をすることで、連続したデータを一度に入力できます！

5 連続した日付を表示します

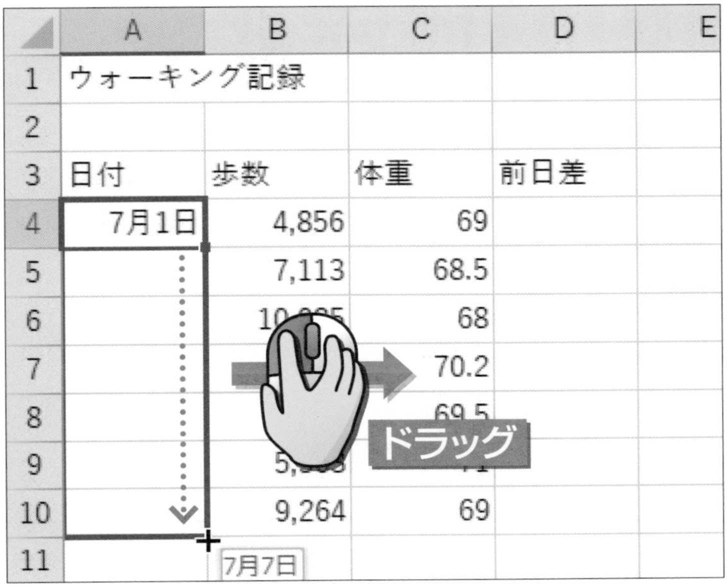

A B C D E
ウォーキング記録
日付 歩数 体重 前日差
7月1日 4,856 69
7,113 68.5
68
70.2
9,264 69
ドラッグ
7月7日

＋の状態のまま、
A10セルまで
ドラッグします。

6 連続した日付が表示されました

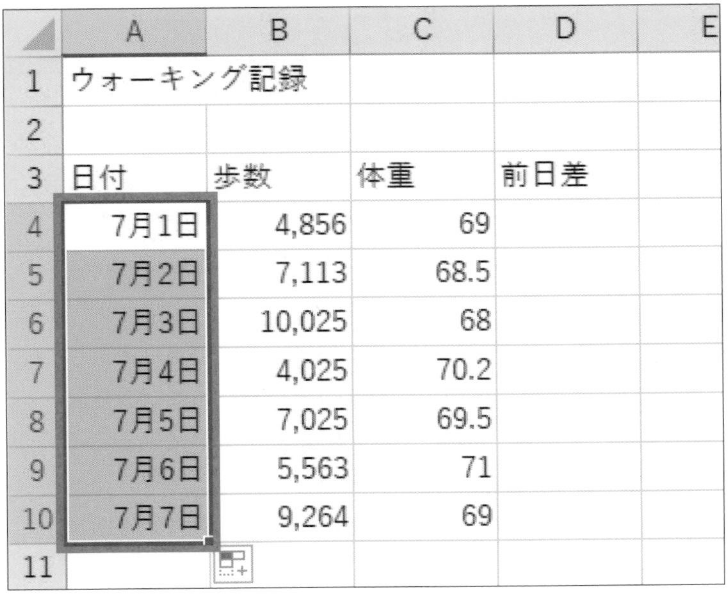

A B C D E
ウォーキング記録
日付 歩数 体重 前日差
7月1日 4,856 69
7月2日 7,113 68.5
7月3日 10,025 68
7月4日 4,025 70.2
7月5日 7,025 69.5
7月6日 5,563 71
7月7日 9,264 69

「7月1日」から
「7月7日」までの日付が
自動的に表示されます。

体重の前日差を計算しよう

前日と比べて体重が増えたか減ったかを計算します。
ここでは、その日の体重から前日の体重を引く計算式を作ります。

操作　移動 ▶P.012　左クリック ▶P.013　入力 ▶P.015

1 計算式を入力する準備をします

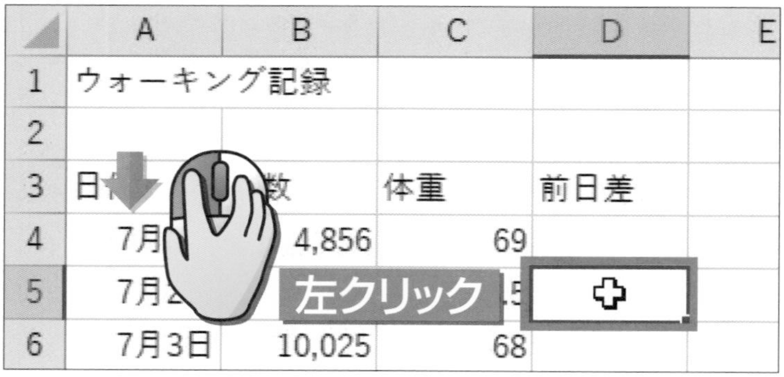

D5セルに
カーソル
を移動して、
左クリックします。

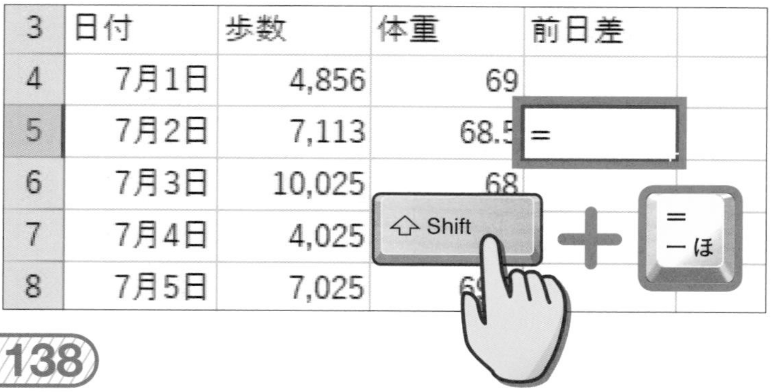

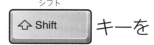

シフト
Shift キーを
押しながら、
＝ ー ほ キーを押します。

2 計算式を入力します

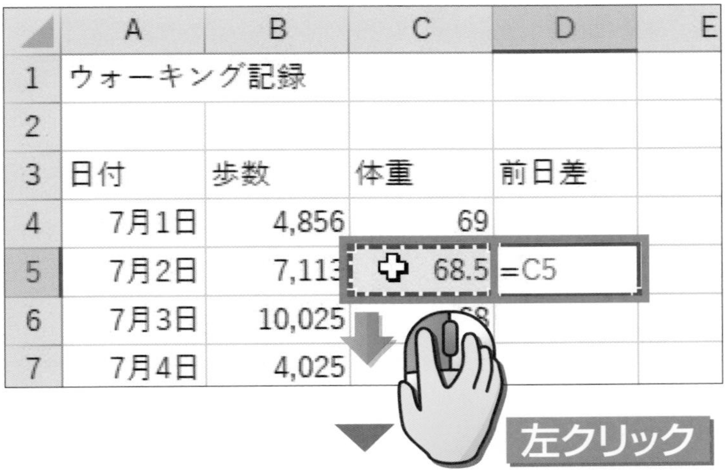

C5セルを

左クリックします。

D5セルに、

「=」に続けて

「C5」と入力されます。

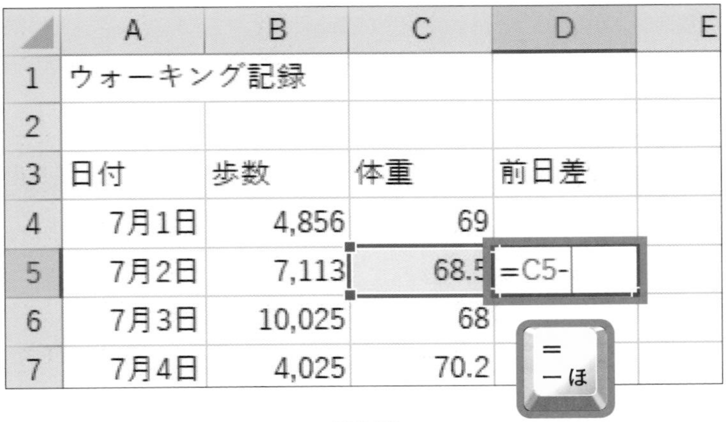

引き算をするため、

=ーほ キーを押します。

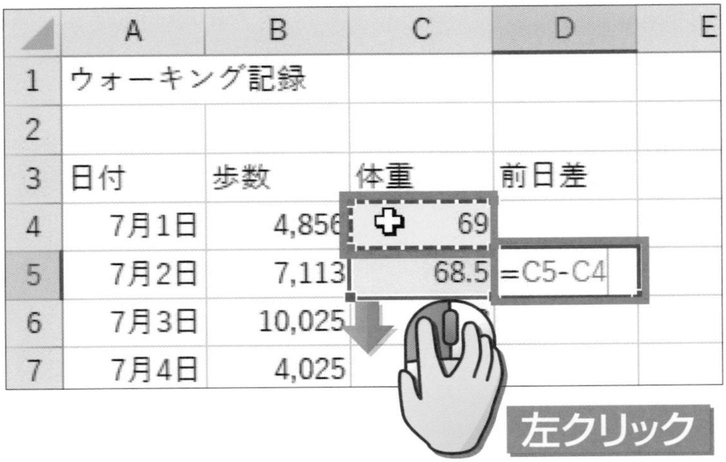

C4セルを

左クリックします。

「=C5-C4」と

入力されます。

次へ >>>

3 Enter キーを押します

	A	B	C	D	E
1	ウォーキング記録				
2					
3	日付	歩数	体重	前日差	
4	7月1日	4,856	69		
5	7月2日	7,113	68.5	=C5-C4	
6	7月3日	10,025	68		
7	7月4日	4,025	70.2		
8	7月5日	7,025	69.5		
9	7月6日	5,563	71		
10	7月7日	9,264	69		
11					

エンター

キーを押します。

ポイント!

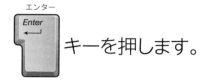

ここで入力した計算式は、「その日の体重から前日の体重を引く」という意味です。

4 計算結果が表示されました

	A	B	C	D	E
1	ウォーキング記録				
2					
3	日付	歩数	体重	前日差	
4	7月1日	4,856	69		
5	7月2日	7,113	68.5	-0.5	
6	7月3日	10,025	68		
7	7月4日	4,025	70.2		
8	7月5日	7,025	69.5		
9	7月6日	5,563	71		
10	7月7日	9,264	69		
11					

計算が行われ、D5セルに前日の体重と当日の体重の差が表示されます。

コラム 四則演算の記号

エクセルで**四則演算の計算**を行うときは、
以下の**記号**を使います。四則演算の記号は、
入力モードアイコンを A にしてから、以下のキーを押します。

計算方法	使う記号	キー
足し算	+(プラス)	Shift + ;れ
引き算	−(マイナス)	−ほ
掛け算	＊(アスタリスク)	Shift + :け
割り算	/(スラッシュ)	/め

「+」と「＊」は、
Shift(シフト)キーを押しながら ;れ :け キーを押して入力します。

計算式をコピーしよう

ここでは、７月３日以降の体重の前日差を計算します。
138ページで入力した計算式をコピーします。

操作
移動 ▶P.012
左クリック ▶P.013
ドラッグ ▶P.014

1 コピー元のセルを選択します

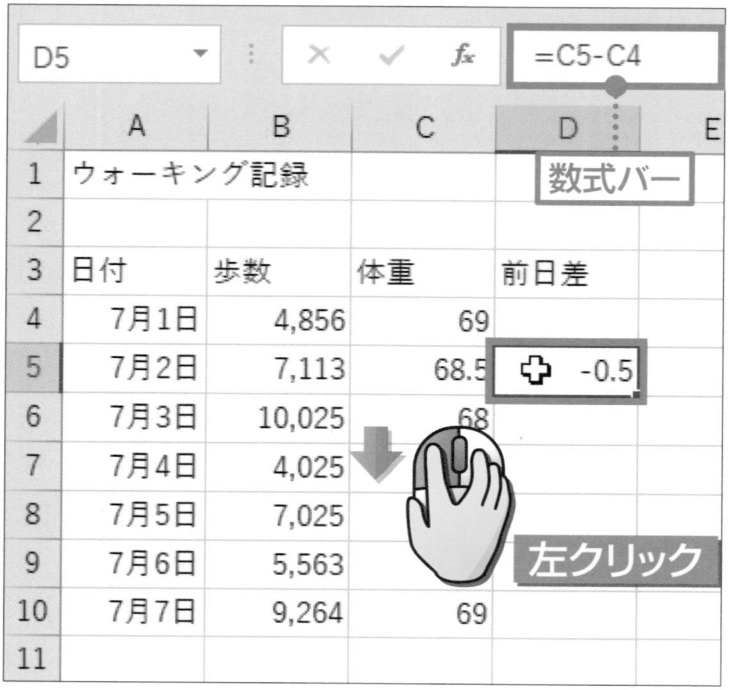

	A	B	C	D	E
1	ウォーキング記録				
2					
3	日付	歩数	体重	前日差	
4	7月1日	4,856	69		
5	7月2日	7,113	68.5	-0.5	
6	7月3日	10,025	68		
7	7月4日	4,025			
8	7月5日	7,025			
9	7月6日	5,563			
10	7月7日	9,264	69		
11					

D5セルに（カーソル）を移動して、左クリックします。

ポイント！

数式バーを見ると、D5セルに「＝C5-C4」の計算式が入力されていることがわかります。この計算式をコピーします。

2 カーソルを移動します

	A	B	C	D	E
1	ウォーキング記録				
2					
3	日付	歩数	体重	前日差	
4	7月1日	4,856	69		
5	7月2日	7,113	68.5	-0.5	
6	7月3日	10,025	68		
7	7月4日	4,025	70.2		
8	7月5日	7,025	69.5		
9	7月6日	5,563	71		
10	7月7日	9,264	69		
11					

D5セルの右下に

✚（カーソル）を移動します。

3 カーソルの形が変化します

	A	B	C	D	E
1	ウォーキング記録				
2					
3	日付	歩数	体重	前日差	
4	7月1日	4,856	69		
5	7月2日	7,113	68.5	-0.5	
6	7月3日	10,025	68		
7	7月4日	4,025	70.2		
8	7月5日	7,025	69.5		
9	7月6日	5,563	71		
10	7月7日	9,264	69		
11					

✚（カーソル）が＋に

なったことを確認します。

次へ >>>

4 マウスをドラッグします

	A	B	C	D	E
1	ウォーキング記録				
2					
3	日付	歩数	体重	前日差	
4	7月1日	4,856	69		
5	7月2日	7,113	68.5	-0.5	
6	7月3日	10,025	68		
7	7月4日	[illegible]025	70.2		
8	7月5日	[illegible]	69.5		
9	7月6日	[illegible]	[illegible]		
10	7月7日	9,264	69		
11					

ドラッグ

➕の状態のまま、D10セルまで下方向にドラッグします。

5 計算式がコピーできました

	A	B	C	D	E
1	ウォーキング記録				
2					
3	日付	歩数	体重	前日差	
4	7月1日	4,856	69		
5	7月2日	7,113	68.5	-0.5	
6	7月3日	10,025	68	-0.5	
7	7月4日	4,025	70.2	2.2	
8	7月5日	7,025	69.5	-0.7	
9	7月6日	5,563	71	1.5	
10	7月7日	9,264	69	-2	
11					

D5セルの計算式がコピーされます。

それぞれの日の前日との体重差が正しく計算されました。

コラム 計算式をコピーすると…

D5セルに入力した計算式をコピーすると、
それぞれの行の計算式は以下の内容になります。

セル	計算式
D5セル（コピー元）	＝C5－C4
D6セル	＝C6−C5
D7セル	＝C7−C6
D8セル	＝C8−C7
D9セル	＝C9−C8
D10セル	＝C10−C9

コピーする

最初にD5セルに入力した計算式の「C5」や「C4」が、
次の行では**自動的**に「C6」や「C5」に修正されます。

計算式のセルの行数の数字が**1行ずつずれてコピーされる**ため、
それぞれの行の合計を正しく計算できるのです。

計算式は、1行1行入力するのではなくて、一度作った計算式をコピーして使うのがエクセルの流儀です！

表の書式を整えよう

文字の大きさや配置を変更したり、罫線を引くなどして、
「ウォーキング記録」の書式を整えます。

操作　移動 ▶P.012　左クリック ▶P.013　ドラッグ ▶P.014

1 タイトルの文字を大きくします

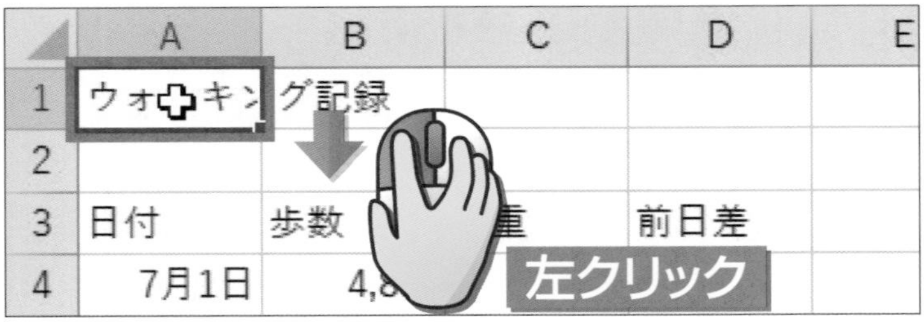

A1 セルに
カーソルを移動して、
左クリックします。

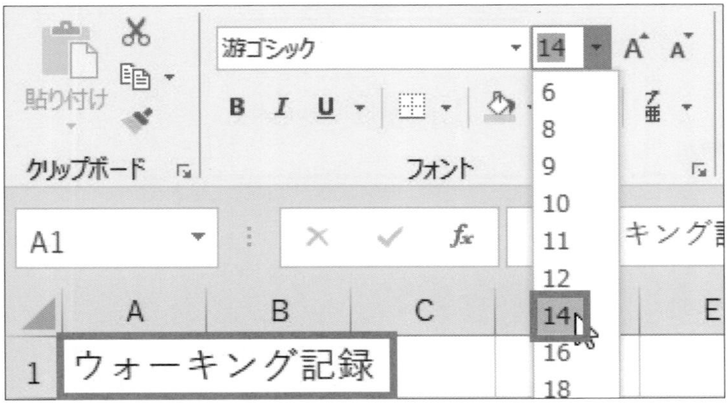

84 ページの方法で、
文字の大きさを
「14」に変更します。

2 その他の見た目を変更します

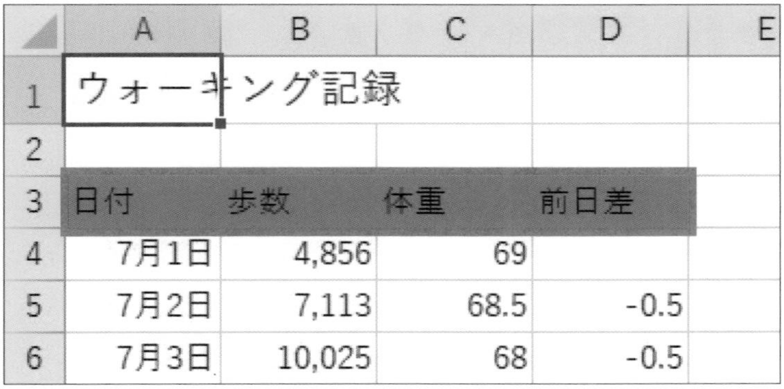

	A	B	C	D	E
1	ウォーキング記録				
2					
3	日付	歩数	体重	前日差	
4	7月1日	4,856	69		
5	7月2日	7,113	68.5	-0.5	
6	7月3日	10,025	68	-0.5	

86ページの方法で、A3セルからD3セルに色（青、アクセント5）をつけます。

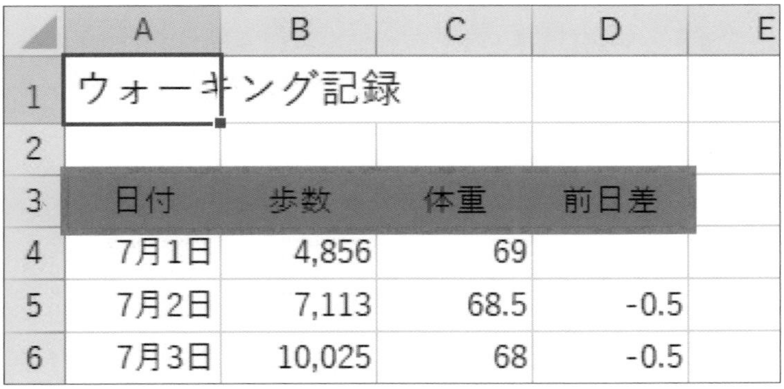

	A	B	C	D	E
1	ウォーキング記録				
2					
3	日付	歩数	体重	前日差	
4	7月1日	4,856	69		
5	7月2日	7,113	68.5	-0.5	
6	7月3日	10,025	68	-0.5	

92ページの方法で、A3セルからD3セルの文字を中央に配置します。

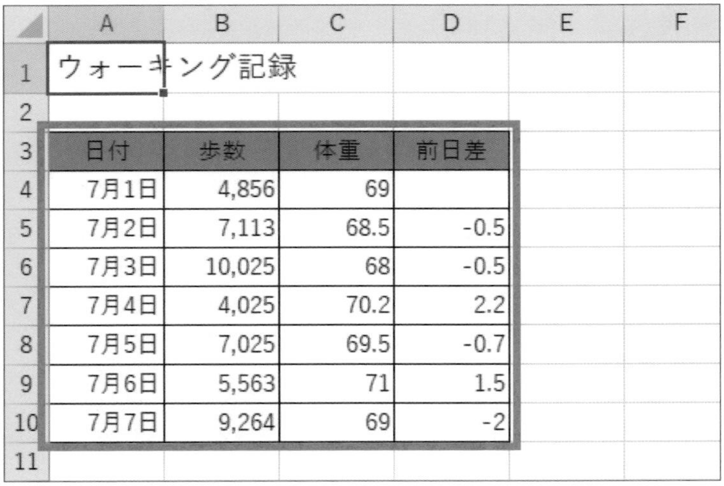

	A	B	C	D	E	F
1	ウォーキング記録					
2						
3	日付	歩数	体重	前日差		
4	7月1日	4,856	69			
5	7月2日	7,113	68.5	-0.5		
6	7月3日	10,025	68	-0.5		
7	7月4日	4,025	70.2	2.2		
8	7月5日	7,025	69.5	-0.7		
9	7月6日	5,563	71	1.5		
10	7月7日	9,264	69	-2		
11						

98ページの方法で、A3セルからD10セルに、格子の罫線を引きます。

32ページの方法で、「ウォーキング記録」という名前をつけて保存します。

条件に一致したセルを目立たせよう

条件付き書式の機能を使って、特定のセルを目立たせます。
ここでは、体重が70kgより大きいセルに色をつけましょう。

操作　左クリック ▶P.013　ドラッグ ▶P.014　入力 ▶P.015

1 体重のセルを選択します

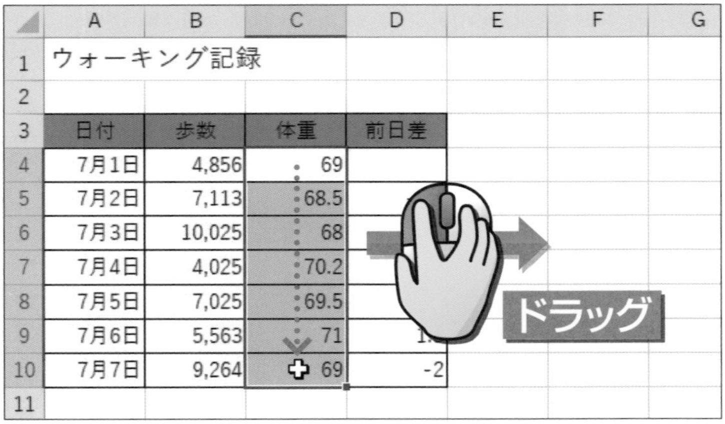

ウォーキング記録
日付
歩数
体重
前日差
7月1日 4,856 69
7月2日 7,113 68.5
7月3日 10,025 68
7月4日 4,025 70.2
7月5日 7,025 69.5
7月6日 5,563 71
7月7日 9,264 69 -2
ドラッグ

C4セルからC10セルを ドラッグして 選択します。

ホーム を 左クリックします。

2 条件を設定する準備をします

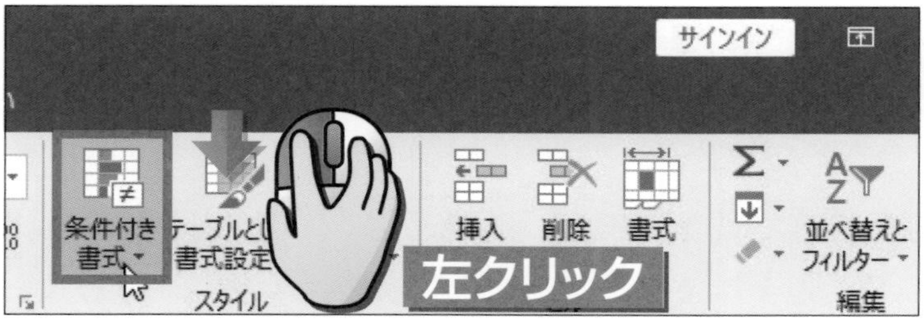

を

左クリックします。

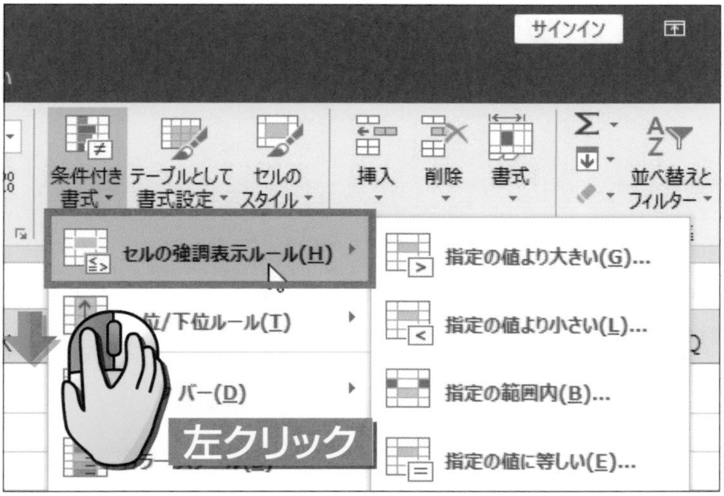

を

左クリックします。

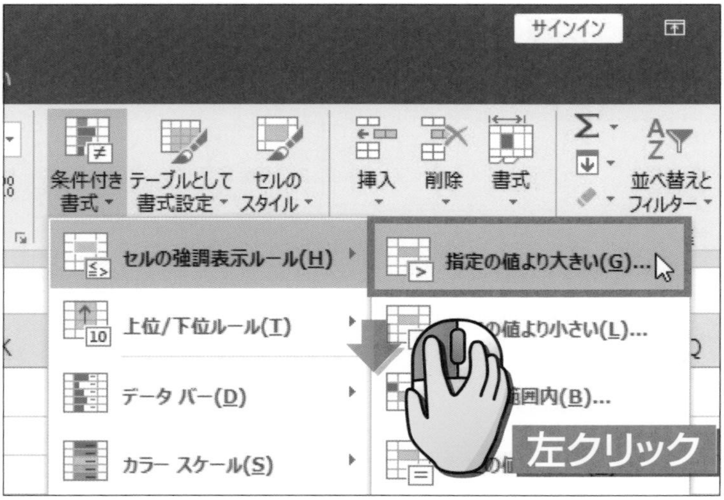

を

左クリックします。

次へ >>>

3 条件を設定します

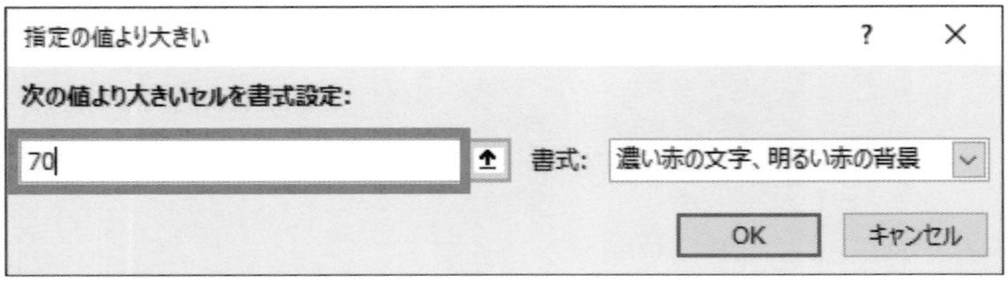

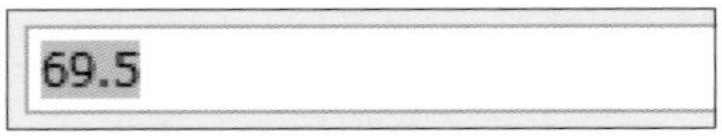

に「70」と入力します。

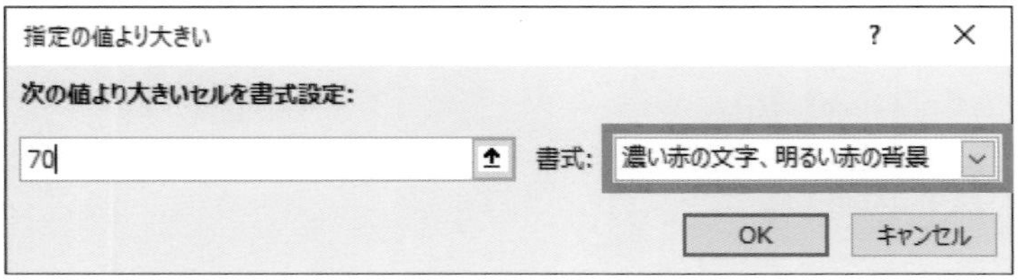

が選択されていることを確認します。

ポイント!

ここで設定されている色でセルに色がつきます。左クリックして表示される一覧から、色を変更することもできます。

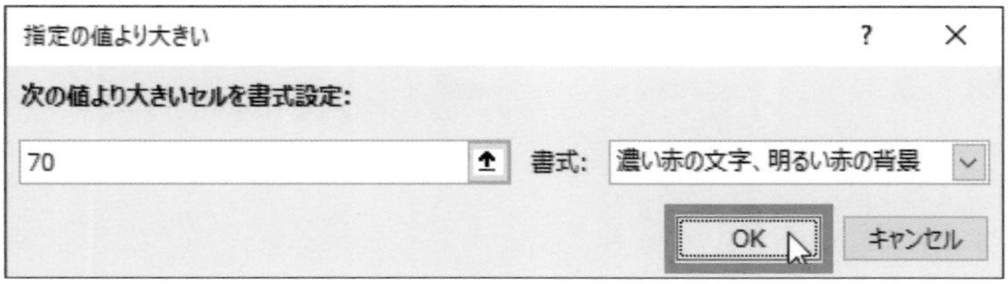

を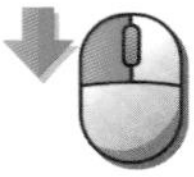左クリックします。

4 条件に一致したセルに色がつきました

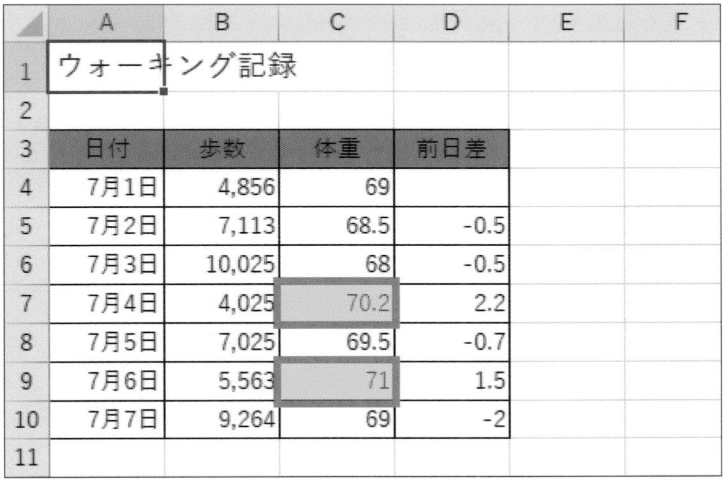

	A	B	C	D	E	F
1	ウォーキング記録					
2						
3	日付	歩数	体重	前日差		
4	7月1日	4,856	69			
5	7月2日	7,113	68.5	-0.5		
6	7月3日	10,025	68	-0.5		
7	7月4日	4,025	70.2	2.2		
8	7月5日	7,025	69.5	-0.7		
9	7月6日	5,563	71	1.5		
10	7月7日	9,264	69	-2		
11						

体重が70kgより大きいセルに色がつきました。

ポイント!

56ページの方法で上書き保存し、エクセルを終了します。

コラム 条件付き書式を解除する

条件付き書式を解除するには、最初に解除したいセル（ここではC4セルからC10セル）を選択します。

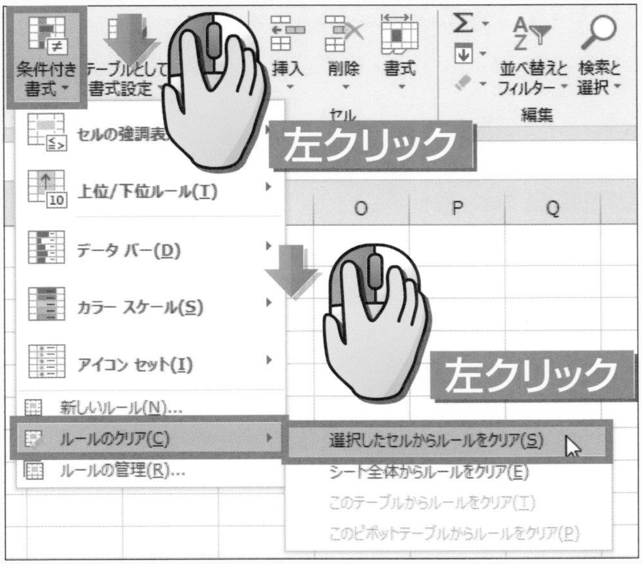

次に、 を

左クリックし、

ルールのクリア(C) →

選択したセルからルールをクリア(S)

の順番に

左クリックします。

第７章　練習問題

1 日付を入力するときに使う記号はどれですか?

❶ 「/」(スラッシュ)
❷ 「:」(コロン)
❸ 「*」(アスタリスク)

2 計算式の先頭につける記号はどれですか?

❶ 「?」(クエスチョンマーク)
❷ 「=」(イコール)
❸ 「+」(プラス)

3 以下の表で、D2セルに「単価」と「数量」を掛け算した結果を求めます。正しい計算式はどれですか?

	A	B	C	D	E
1	商品名	単価	数量	合計	
2	ビール	600	30		
3	赤ワイン	800	10		
4	白ワイン	700	20		
5					

❶ =B2/C2
❷ =B2−C2
❸ =B2*C2

第8章

8 関数を使って計算しよう

この章で学ぶこと

- 関数とはなにかを知っていますか?
- 合計を計算できますか?
- 平均を計算できますか?
- 関数をコピーできますか?

この章でやること～関数とは

この章では、関数を使って、「ウォーキング記録」の歩数の合計を計算します。
最初に、関数の基本を学習しましょう。

関数ってなに?

合計や平均などのよく使う計算は、
エクセルにあらかじめ関数という機能として用意されています。
たとえば、足し算でたくさんのセルの合計を求めるのは大変ですが、
合計のSUM関数を使えば、かんたんに計算できます。

足し算で合計した場合

	A	B
1	10	
2	5	
3	25	
4	130	
5	=A1+A2+A3+A4	

＝A1＋A2＋A3＋A4

合計の関数を使った場合

	A	B
1	10	
2	5	
3	25	
4	130	
5	=SUM(A1:A4)	

＝SUM（A1：A4）

関数を入力するには?

関数を入力するときは、先頭に＝（イコール）を入力します。
続いて、エクセルで決められている**関数名**を指定します。
最後に、() の中に、**計算する内容（引数）**を指定します。

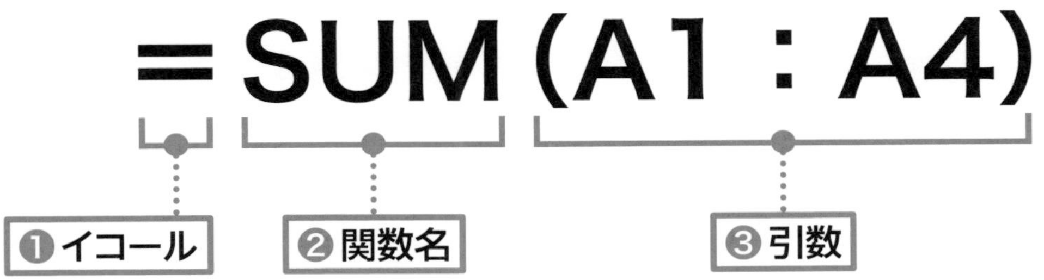

❶イコール
関数の先頭には「＝」（イコール）をつけるのが決まりです。

❷関数名
関数の名前です。
合計を計算する関数の名前は**SUM**（サム）です。

❸引数
「ひきすう」と読みます。関数で計算する内容です。
合計の場合は、合計を求めたい**セル範囲**を指定します。
この例では「A1セルからA4セルまでを合計しなさい」
という意味になります。

合計と平均の行を準備しよう

関数を使って、「歩数」の合計や平均を計算しましょう。
計算を行う前に、「合計」と「平均」の行を追加しましょう。

操作　左クリック ▶P.013　入力 ▶P.015

1 「ウォーキング記録」を表示します

	A	B	C	D	E
1	ウォーキング記録				
2					
3	日付	歩数	体重	前日差	
4	7月1日	4,856	69		
5	7月2日	7,113	68.5	-0.5	
6	7月3日	10,025	68	-0.5	
7	7月4日	4,025	70.2	2.2	
8	7月5日	7,025	69.5	-0.7	
9	7月6日	5,563	71	1.5	
10	7月7日	9,264	69	-2	
11					
12					

38ページの方法で、「ウォーキング記録」を開きます。

ポイント！

ここでは151ページのコラムで解説した条件付き書式の解除は行っていません。

2 項目を入力します

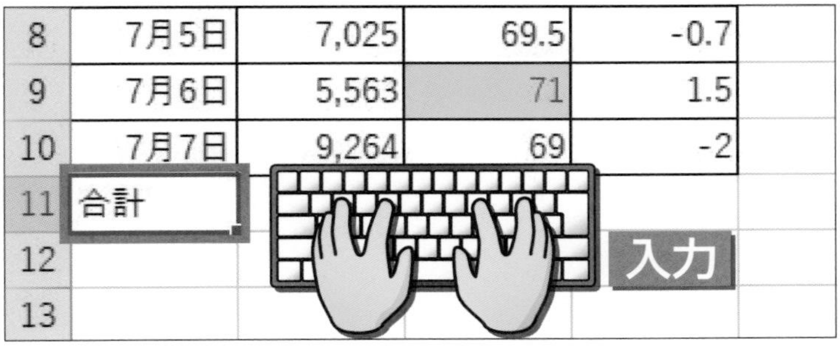

A11セルを左クリックし、「合計」と入力します。

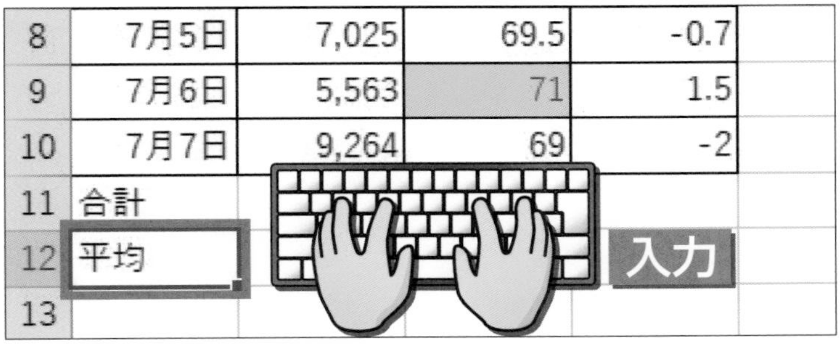

同じくA12セルに「平均」と入力します。

98ページの方法で、A11セルからD12セルに格子の罫線を引きます。
86ページの方法でA11セルとA12セルに色をつけて、
92ページの方法で文字を中央に配置します。

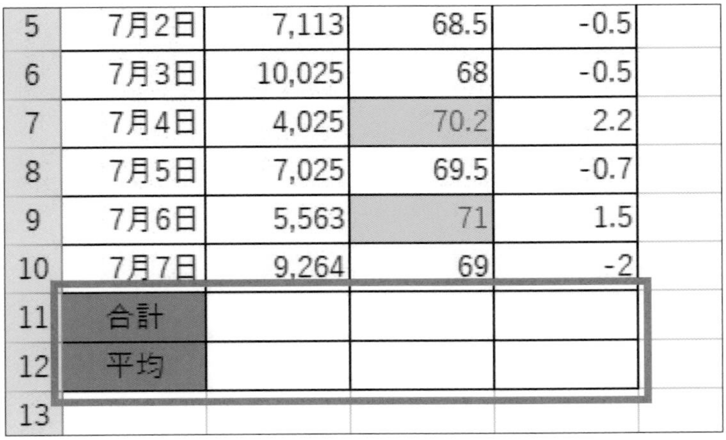

ポイント！

日本語が入力できない場合は、半角/全角キーを押してあに切り替えます。

合計の関数を入力しよう

合計を計算するときは、SUM（サム）関数を使います。
ここでは、「歩数」の合計を計算します。

操作　移動 ▶P.012　左クリック ▶P.013

1 セルを選択します

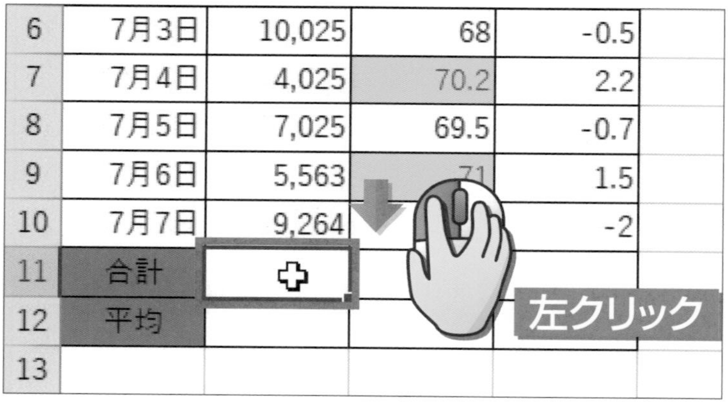

6 7月3日 10,025 68 -0.5
7 7月4日 4,025 70.2 2.2
8 7月5日 7,025 69.5 -0.7
9 7月6日 5,563 71 1.5
10 7月7日 9,264 -2
11 合計
12 平均
13
左クリック

B11セルを

左クリックします。

ポイント！

B11セルは、歩数の合計を表示するセルです。

ホーム を

左クリックします。

2 SUM関数を入力します

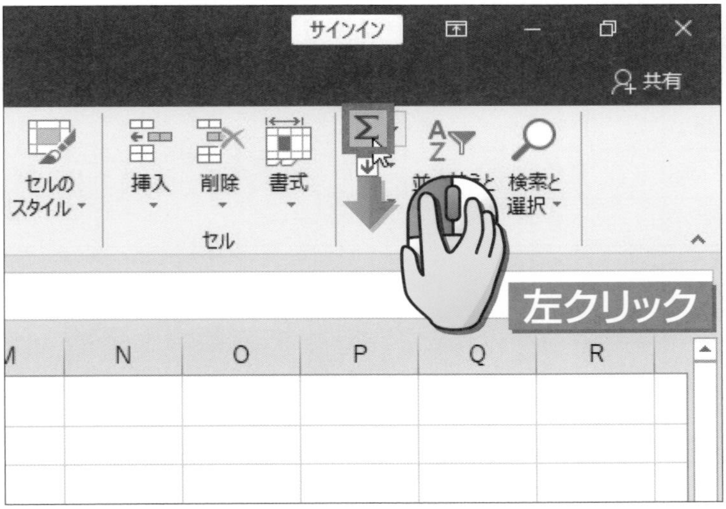

合計

Σ に

カーソル

を移動して、

左クリックします。

3 SUM関数が入力できました

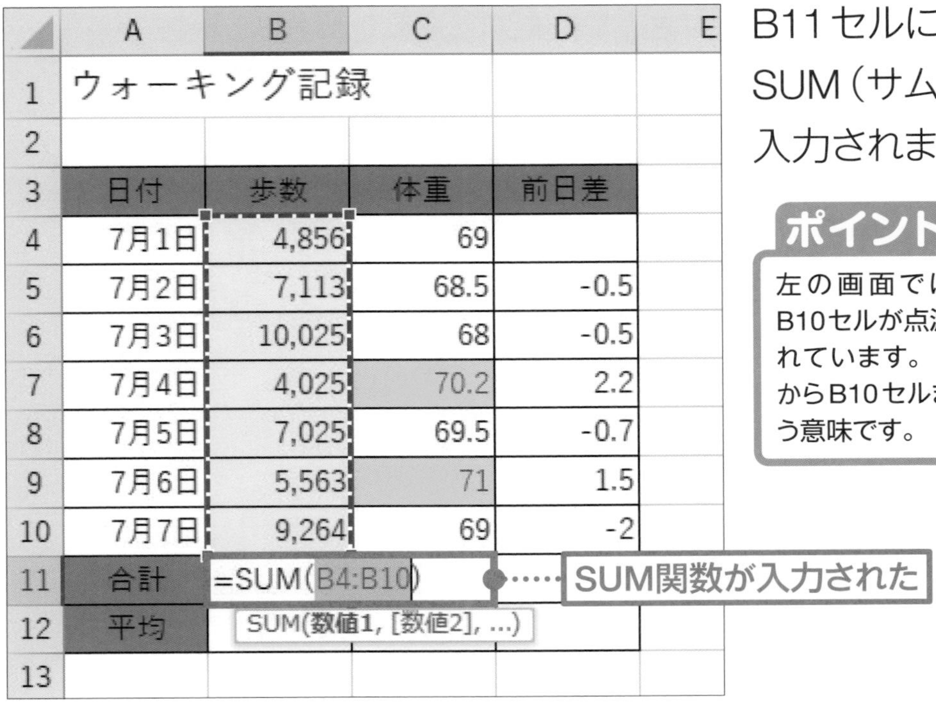

A
B
C
D
E
ウォーキング記録
日付
歩数
体重
前日差
7月1日 4,856 69
7月2日 7,113 68.5 -0.5
7月3日 10,025 68 -0.5
7月4日 4,025 70.2 2.2
7月5日 7,025 69.5 -0.7
7月6日 5,563 71 1.5
7月7日 9,264 69 -2
合計 =SUM(B4:B10)
平均 SUM(数値1, [数値2], ...)
SUM関数が入力された

B11セルに、
SUM（サム）関数が
入力されました。

ポイント！

左の画面では、B4セルからB10セルが点滅する罫線で囲まれています。これは、B4セルからB10セルまで合計するという意味です。

次へ >>>

4 SUM関数の入力を確定します

3	日付	歩数	体重	前日差
4	7月1日	4,856	69	
5	7月2日	7,113	68.5	-0.5
6	7月3日	10,025	68	-0.5
7	7月4日	4,025	70.2	2.2
8	7月5日	7,025	69.5	-0.7
9	7月6日	5,563	71	1.5
10	7月7日	9,264	69	2
11	合計	=SUM(B4:B10)		
12	平均	SUM(数値1, [数値2], ...)		
13				

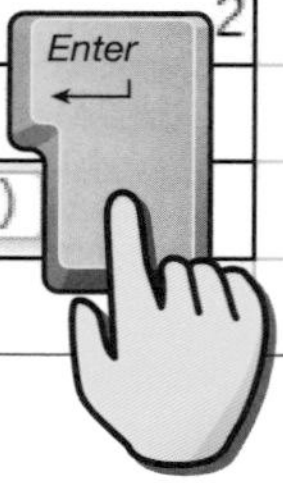

B11セルに
「=SUM(B4:B10)」と
表示されていることを
確認し、

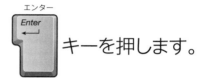

エンター

キーを押します。

ポイント!

「=SUM(B4:B10)」は、B4セルからB10セルを合計するという意味です。

5 歩数の合計が計算できました

	A	B	C	D	E
1	ウォーキング記録				
2					
3	日付	歩数	体重	前日差	
4	7月1日	4,856	69		
5	7月2日	7,113	68.5	-0.5	
6	7月3日	10,025	68	-0.5	
7	7月4日	4,025	70.2	2.2	
8	7月5日	7,025	69.5	-0.7	
9	7月6日	5,563	71	1.5	
10	7月7日	9,264	69	2	
11	合計	47,871			

B4セルからB10セルまでの合計が計算された

B11セルに、
B4セルからB10セル
までの合計が
表示されました。

コラム SUM関数とは?

SUM関数は、指定したセル範囲の合計を計算する関数です。英語で「概要」を表すSUMMARY（サマリー）からつけられた名前です。

SUM関数は、を左クリックするだけで入力できます。
ただし、合計する範囲が正しく表示されない場合は、164ページの方法で修正する操作が必要です。

＝ SUM（最初のセル：最後のセル）

イコール　SUM関数　合計するセル範囲

関数は、キーボードから入力することもできます！

ただしSUM関数などのよく使う関数は、Σを左クリックして入力するほうがまちがいありません！

平均の関数を入力しよう

平均を計算するときは、AVERAGE（アベレージ）関数を使います。
ここでは、「歩数」の平均を計算します。

操作　移動 ▶P.012　左クリック ▶P.013　ドラッグ ▶P.014

1 セルを選択します

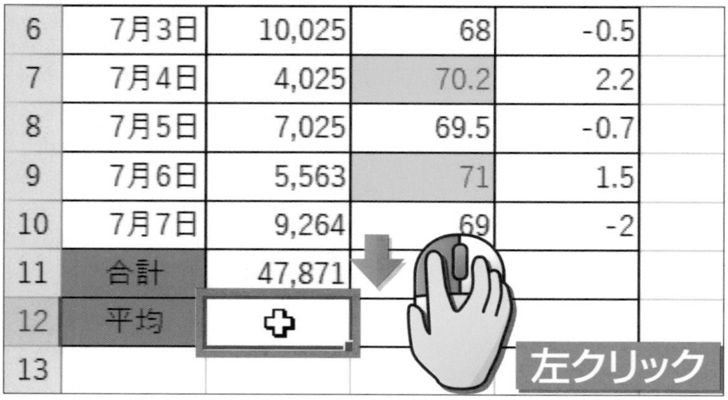

6 7月3日 10,025 68 -0.5
7 7月4日 4,025 70.2 2.2
8 7月5日 7,025 69.5 -0.7
9 7月6日 5,563 71 1.5
10 7月7日 9,264 69 -2
11 合計 47,871
12 平均
13
左クリック

B12セルを

左クリックします。

ポイント！

B12セルは、歩数の平均を表示するセルです。

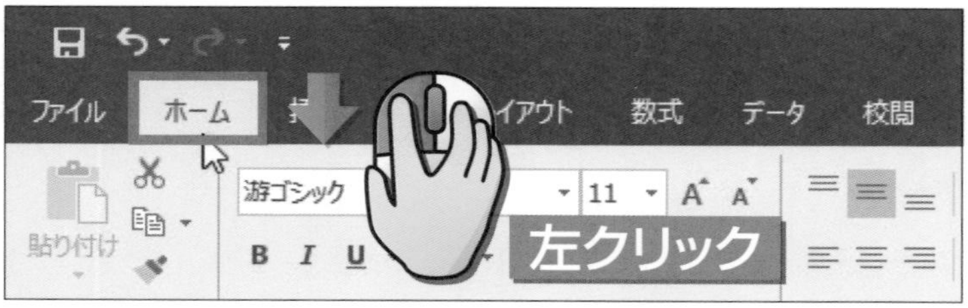

ホーム を

左クリックします。

2 AVERAGE関数を入力します その1

Σ（合計）の右側の▾に ↖（カーソル）を移動して、

左クリックします。

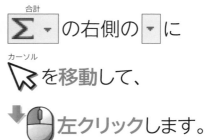

3 AVERAGE関数を入力します その2

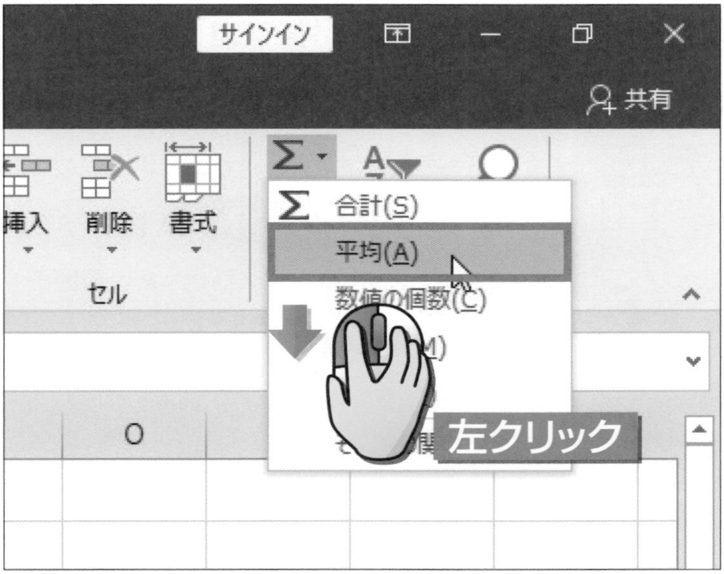

平均(A) を

左クリックします。

次へ >>>

4 AVERAGE関数が入力できました

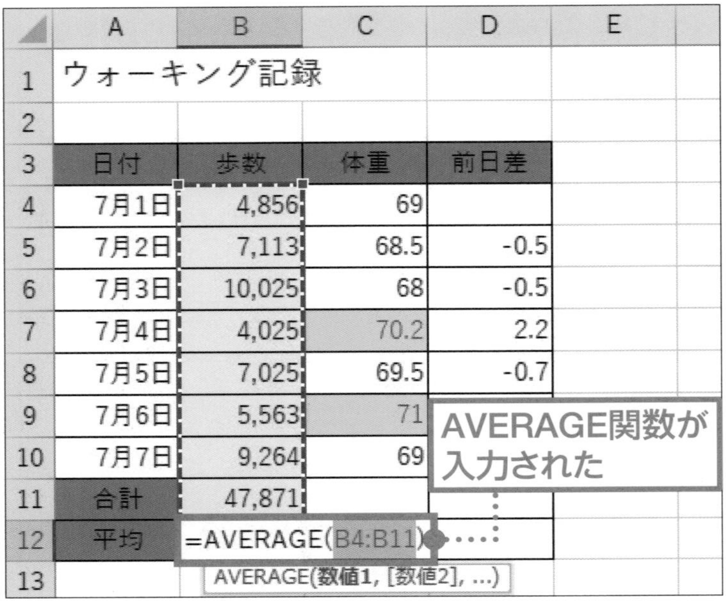

A B C D E
1 ウォーキング記録
2
3 日付 歩数 体重 前日差
4 7月1日 4,856 69
5 7月2日 7,113 68.5 -0.5
6 7月3日 10,025 68 -0.5
7 7月4日 4,025 70.2 2.2
8 7月5日 7,025 69.5 -0.7
9 7月6日 5,563 71
10 7月7日 9,264 69
11 合計 47,871
12 平均 =AVERAGE(B4:B11)
13 AVERAGE(数値1, [数値2], ...)
AVERAGE関数が
入力された

B12セルに、
AVERAGE（アベレージ）
関数が入力されました。

ポイント！

左の画面では、B4セルからB11セルが点滅する罫線で囲まれています。これは、B4セルからB11セルまでの平均を計算するという意味です。ただし、平均を求める範囲にB11セルの合計は必要ありません。

5 平均範囲を修正します　その1

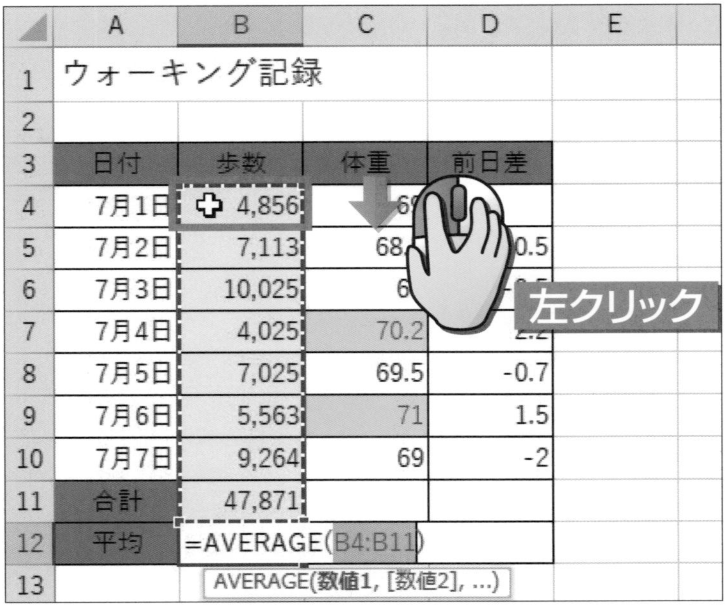

B4セルを

左クリックします。

ポイント！

B4セルは、平均したい範囲の最初のセルです。

6 平均範囲を修正します　その2

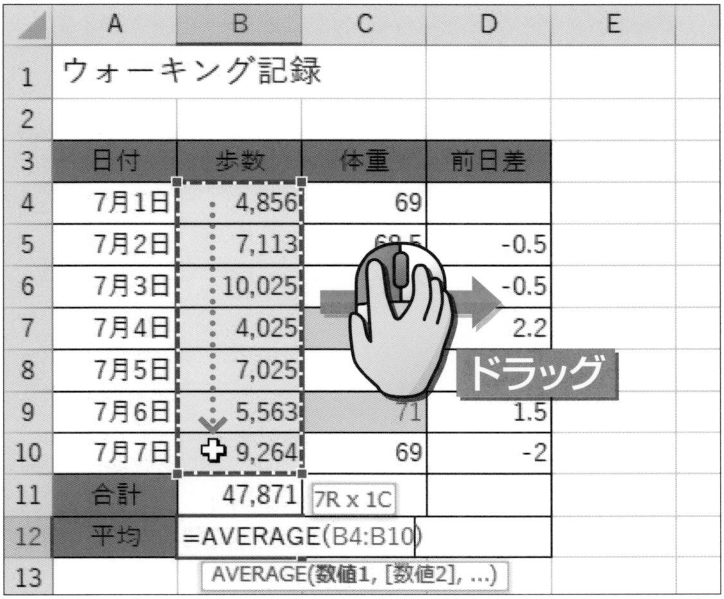
A B C D E
ウォーキング記録
日付 歩数 体重 前日差
7月1日 4,856 69
7月2日 7,113 -0.5
7月3日 10,025 -0.5
7月4日 4,025 2.2
7月5日 7,025
7月6日 5,563 71 1.5
7月7日 9,264 69 -2
合計 47,871
7R x 1C
平均 =AVERAGE(B4:B10)
AVERAGE(数値1, [数値2], ...)
ドラッグ

そのままB10セルまで
下方向に

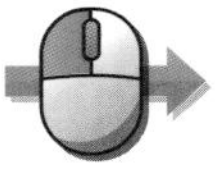
ドラッグします。

ポイント！

B10セルは、平均したい範囲の最後のセルです。

7 平均範囲を修正できました

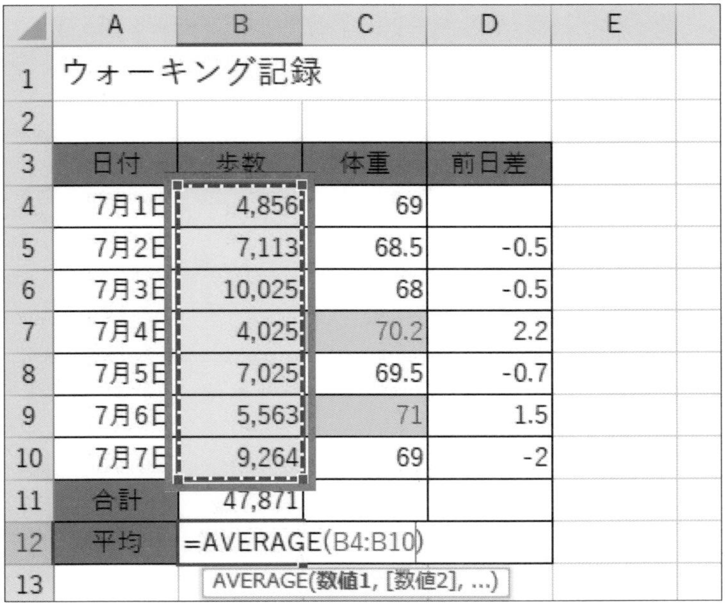
A B C D E
ウォーキング記録
日付 歩数 体重 前日差
7月1日 4,856 69
7月2日 7,113 68.5 -0.5
7月3日 10,025 68 -0.5
7月4日 4,025 70.2 2.2
7月5日 7,025 69.5 -0.7
7月6日 5,563 71 1.5
7月7日 9,264 69 -2
合計 47,871
平均 =AVERAGE(B4:B10)
AVERAGE(数値1, [数値2], ...)

B4セルから
B10セルまでが、
点滅する罫線で
囲まれました。

次へ ›››

8 AVERAGE関数の入力を確定します

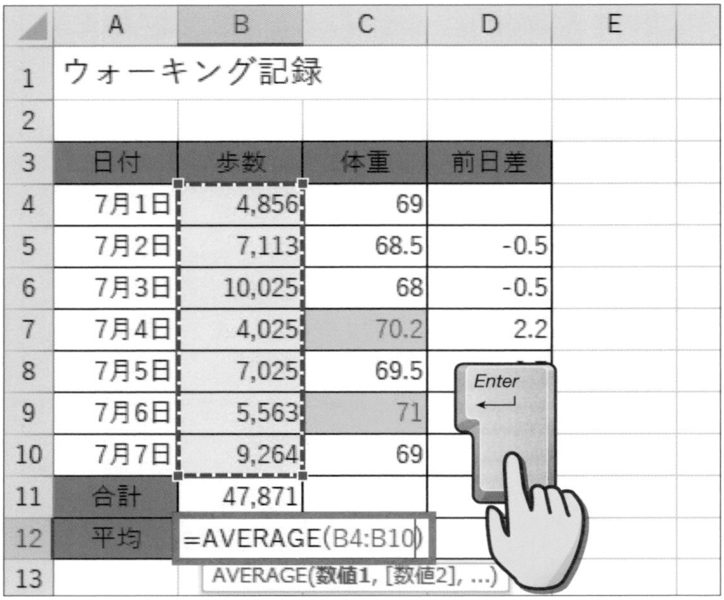

A B C D E
1 ウォーキング記録
3 日付 歩数 体重 前日差
4 7月1日 4,856 69
5 7月2日 7,113 68.5 -0.5
6 7月3日 10,025 68 -0.5
7 7月4日 4,025 70.2 2.2
8 7月5日 7,025 69.5
9 7月6日 5,563 71
10 7月7日 9,264 69
11 合計 47,871
12 平均 =AVERAGE(B4:B10)
13
AVERAGE(数値1, [数値2], ...)
Enter

B12セルに
「=AVERAGE(B4：B10)」
と表示されていることを
確認し、

エンター

キーを押します。

ポイント！

「=AVERAGE(B4:B10)」は、B4セルからB10セルを平均するという意味です。

9 歩数の平均が計算できました

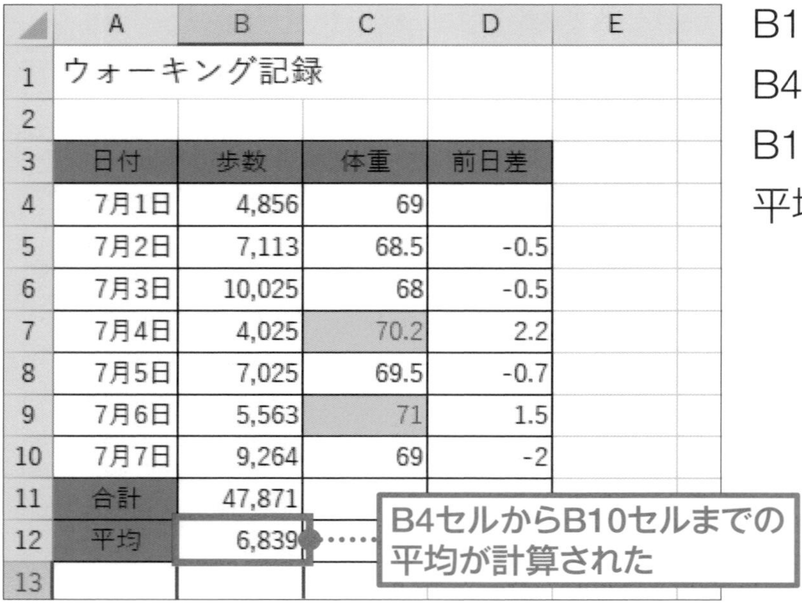

A B C D E
1 ウォーキング記録
3 日付 歩数 体重 前日差
4 7月1日 4,856 69
5 7月2日 7,113 68.5 -0.5
6 7月3日 10,025 68 -0.5
7 7月4日 4,025 70.2 2.2
8 7月5日 7,025 69.5 -0.7
9 7月6日 5,563 71 1.5
10 7月7日 9,264 69 -2
11 合計 47,871
12 平均 6,839
13
B4セルからB10セルまでの
平均が計算された

B12セルに、
B4セルから
B10セルまでの
平均が表示されました。

コラム AVERAGE関数とは?

AVERAGE関数は、
指定したセル範囲の平均を計算する関数です。

AVERAGE関数は、 Σ ▾ の右側の ▾ を左クリックすることでかんたんに入力できます。
ただし、平均する範囲が正しく表示されない場合は、
164ページの方法で修正する操作が必要です。

= AVERAGE（最初のセル：最後のセル）

- = → イコール
- AVERAGE → AVERAGE関数
- （最初のセル：最後のセル） → 平均するセルの範囲

関数を入力し終えたあとで範囲のまちがいに気づいた場合は、
164ページの方法ではなく、162ページからやり直します。

関数の入力をまちがえても、
なんどでも入力し直せるから
安心してください！

関数をコピーしよう

計算式と同じように、関数もコピーできます。
AVERAGE関数をコピーして、体重の平均を求めます。

操作　移動 ▶P.012　左クリック ▶P.013　ドラッグ ▶P.014

1 セルを選択します

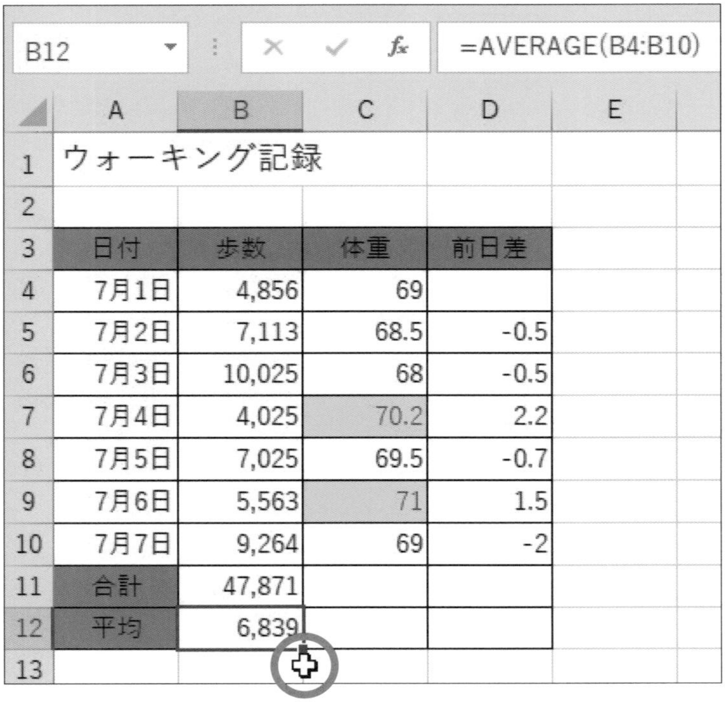

B12　=AVERAGE(B4:B10)

	A	B	C	D	E
1	ウォーキング記録				
2					
3	日付	歩数	体重	前日差	
4	7月1日	4,856	69		
5	7月2日	7,113	68.5	-0.5	
6	7月3日	10,025	68	-0.5	
7	7月4日	4,025	70.2	2.2	
8	7月5日	7,025	69.5	-0.7	
9	7月6日	5,563	71	1.5	
10	7月7日	9,264	69	-2	
11	合計	47,871			
12	平均	6,839			
13					

B12セルを左クリックし、セルの右下にカーソルを移動します。

ポイント！

B12セルは、歩数の平均を計算したセルです。

2 AVERAGE関数をコピーします

	A	B	C	D	E
1	ウォーキング記録				
2					
3	日付	歩数	体重	前日差	
4	7月1日	4,856	69		
5	7月2日	7,113	68.5	-0.5	
6	7月3日	10,025	68	-0.5	
7	7月4日	4,025	70.2	2.2	
8	7月5日	7,025	69.5	-0.7	
9	7月6日	5,563	71	1.5	
10	7月7日	9,264	69		
11	合計	47,871			
12	平均	6,839			
13					

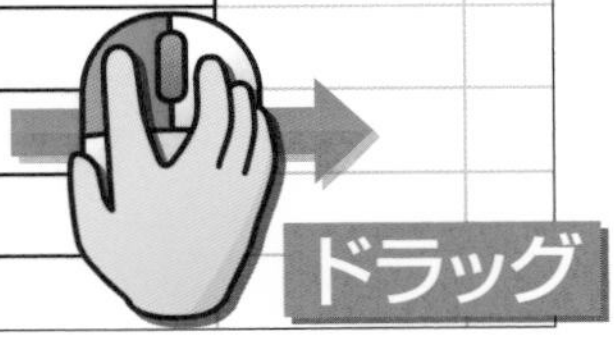

カーソルが＋になったら、C12セルまで、右方向にドラッグします。

3 AVERAGE関数がコピーできました

	A	B	C	D	E
1	ウォーキング記録				
2					
3	日付	歩数	体重	前日差	
4	7月1日	4,856	69		
5	7月2日	7,113	68.5	-0.5	
6	7月3日	10,025	68	-0.5	
7	7月4日	4,025	70.2	2.2	
8	7月5日	7,025	69.5	-0.7	
9	7月6日	5,563	71	1.5	
10	7月7日	9,264	69	-2	
11	合計	47,871			
12	平均	6,839	69		
13					

B12セルのAVERAGE関数がコピーされて、体重の平均が表示されました。

ポイント！

56ページの方法で上書き保存し、エクセルを終了します。

第8章　練習問題

1

平均を求める関数の名前をなんといいますか?

❶ HEIKIN
❷ SUM
❸ AVERAGE

2

合計を求めるときに使うボタンはどれですか?

❶ 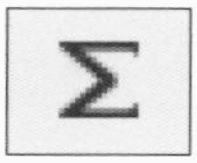
❷ 
❸ 

3

以下の表で、E4セルに「=SUM(B4:D4)」の関数が入力されています。この関数をE5セルにコピーすると、どのような関数になりますか?

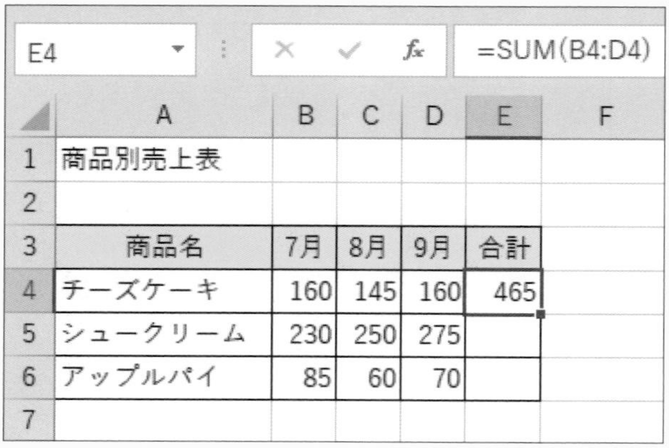
E4　=SUM(B4:D4)

	A	B	C	D	E	F
1	商品別売上表					
2						
3	商品名	7月	8月	9月	合計	
4	チーズケーキ	160	145	160	465	
5	シュークリーム	230	250	275		
6	アップルパイ	85	60	70		
7						

❶ ＝SUM(B5:D5)
❷ ＝SUM(B4:D5)
❸ ＝SUM(D4:D5)

第9章

9 グラフを作ろう

この章で学ぶこと

- グラフを作る手順がわかりますか?
- グラフを作れますか?
- グラフのタイトルを入力できますか?
- グラフの位置を変更できますか?
- グラフの大きさを変更できますか?

この章でやること～グラフの作成

この章では、「ウォーキング記録」の歩数と体重の変化を棒グラフと折れ線グラフで表します。最初に、グラフの作成手順について理解しましょう。

グラフを作成する手順

グラフは、表の値を使って作成します。
表の中で、グラフにしたい値が入ったセルを正しく選択するのがポイントです。

	A	B	C	D
1	ウォーキング記録			
2				
3	日付	歩数	体重	前日差
4	7月1日	4,856	69	
5	7月2日	7,113	68.5	-0.5
6	7月3日	10,025	68	-0.5
7	7月4日	4,025	70.2	2.2
8	7月5日	7,025	69.5	-0.7
9	7月6日	5,563	71	1.5
10	7月7日	9,264	69	-2
11	合計	47,871		
12	平均	6,839	69	
13				

1　グラフにしたい値の入ったセルを選択する

▼

2　グラフの種類を選択する

▼

3　グラフが作成できた

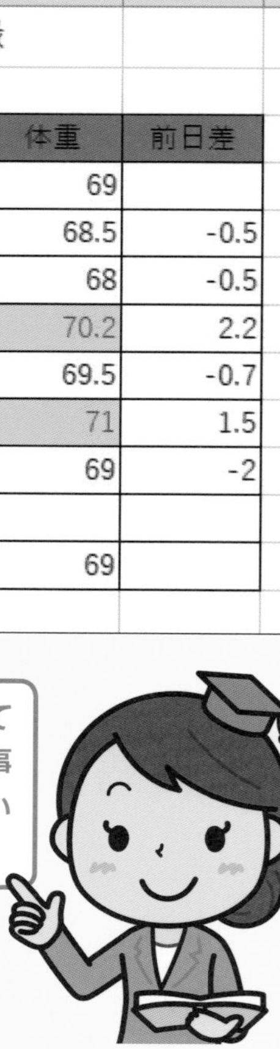

表の中のどの値を使ってグラフにするのかを、事前に考えておかないといけません！

エクセルで作成できるグラフの種類

エクセルには、棒グラフや折れ線グラフ、円グラフなど
たくさんの種類のグラフが用意されています。

ここでは、**折れ線グラフ**と**棒グラフ**が同じグラフに表示される、
組み合わせグラフを作成します。

縦棒グラフ

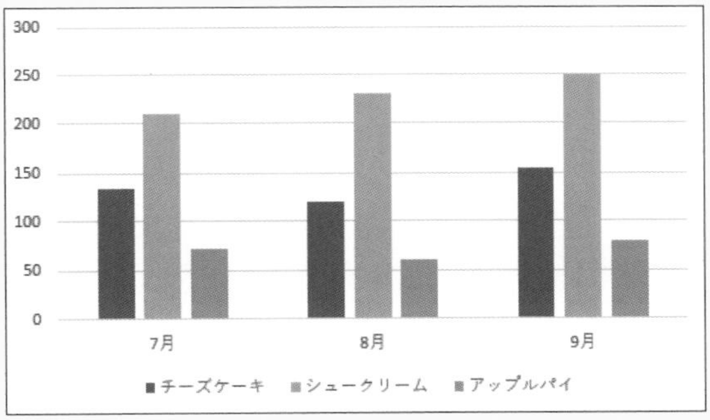

折れ線グラフ

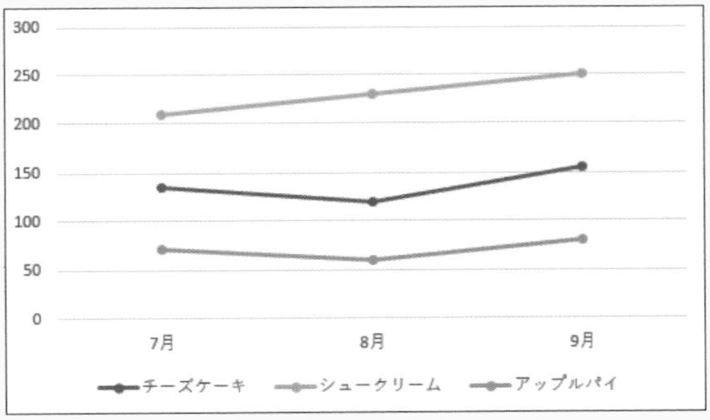

組み合わせグラフ（今回作成するグラフ）

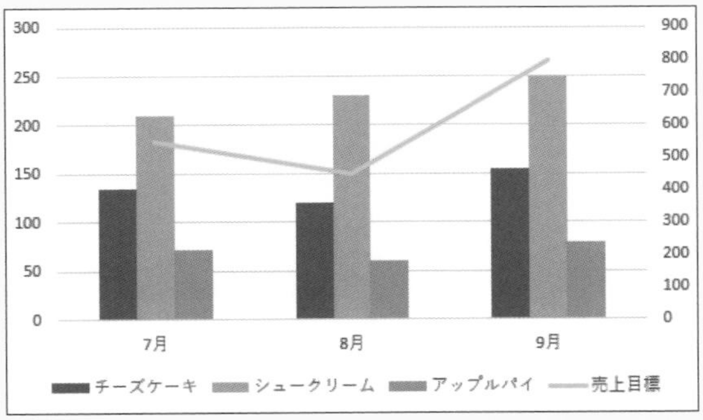

円グラフ

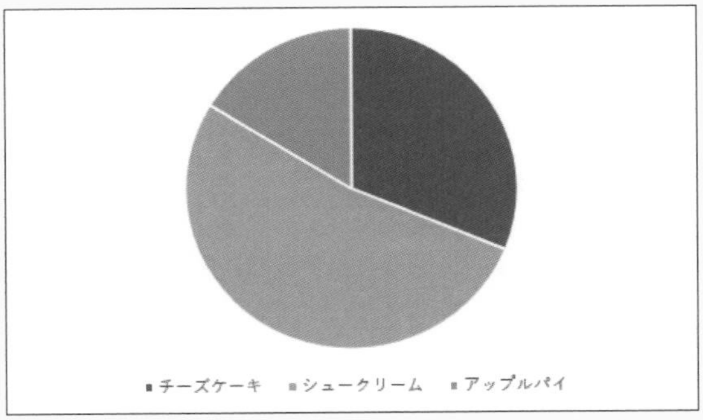

歩数を棒グラフにしよう

7月1日から7月7日までのB列の「歩数」を使って、棒グラフを作成してみましょう。

操作　移動 ▶P.012　左クリック ▶P.013　ドラッグ ▶P.014

1 「ウォーキング記録」を開きます

	A	B	C	D	E	F
1	ウォーキング記録					
2						
3	日付	歩数	体重	前日差		
4	7月1日	4,856	69			
5	7月2日	7,113	68.5	-0.5		
6	7月3日	10,025	68	-0.5		
7	7月4日	4,025	70.2	2.2		
8	7月5日	7,025	69.5	-0.7		
9	7月6日	5,563	71	1.5		
10	7月7日	9,264	69	-2		
11	合計	47,871				
12	平均	6,839	69			
13						

38ページの方法で、「ウォーキング記録」を開きます。

最初に、歩数の値を使って、棒グラフを作成します！

2 グラフにしたいセルを選択します

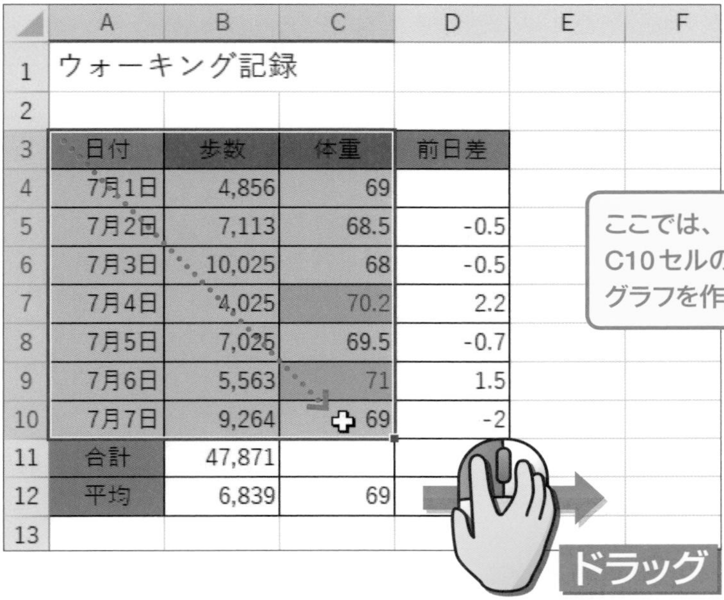

	A	B	C	D	E	F
1	ウォーキング記録					
2						
3	日付	歩数	体重	前日差		
4	7月1日	4,856	69			
5	7月2日	7,113	68.5	-0.5		
6	7月3日	10,025	68	-0.5		
7	7月4日	4,025	70.2	2.2		
8	7月5日	7,025	69.5	-0.7		
9	7月6日	5,563	71	1.5		
10	7月7日	9,264	69	-2		
11	合計	47,871				
12	平均	6,839	69			
13						

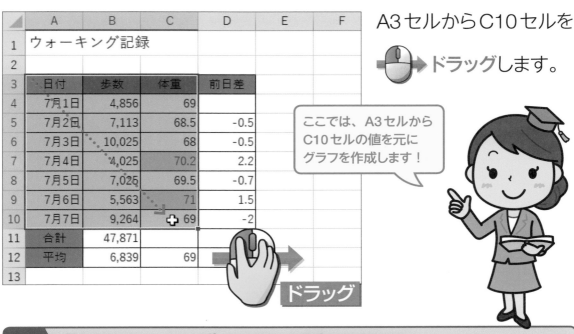

A3セルからC10セルを

ドラッグします。

3 「挿入」タブに切り替えます

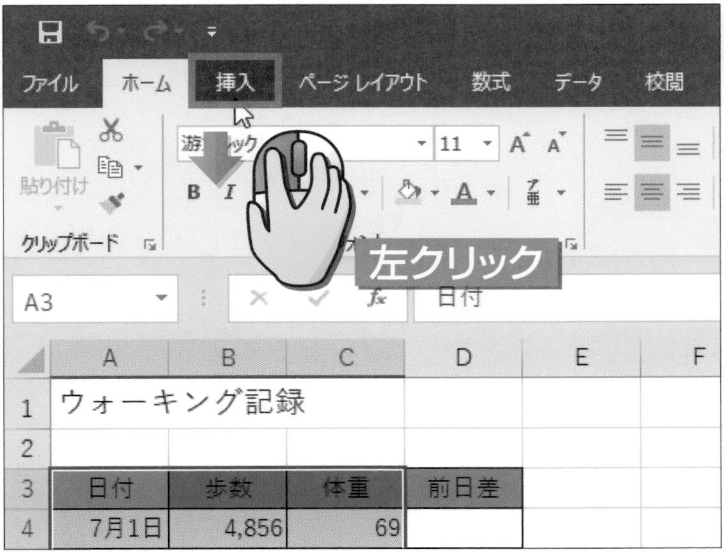

	A	B	C	D	E	F
1	ウォーキング記録					
2						
3	日付	歩数	体重	前日差		
4	7月1日	4,856	69			

挿入 に

カーソル を移動して、

左クリックします。

次へ >>>

4 グラフを挿入します

縦棒/横棒グラフの挿入

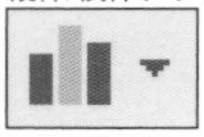を

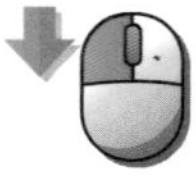左クリックします。

ポイント！

最初は、「歩数」を棒グラフで作成します。

5 グラフの種類を選択します

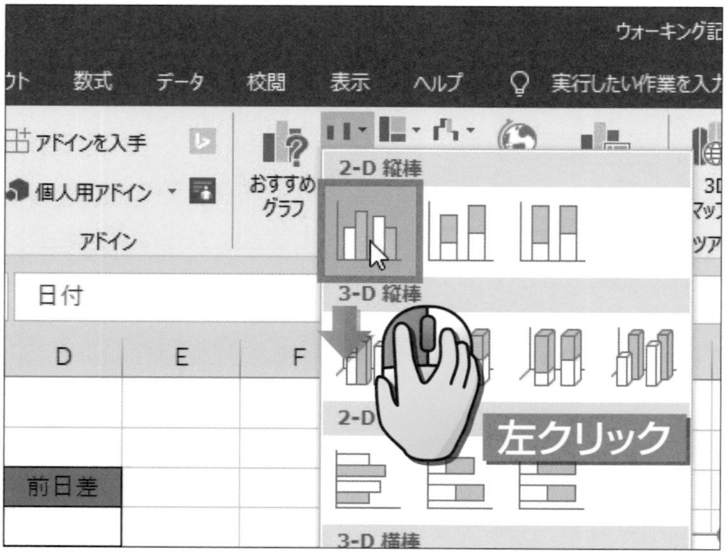

表示されるメニューから、

集合縦棒

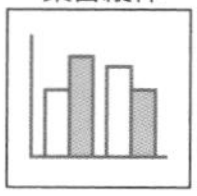に

カーソル

を移動して、

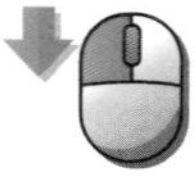左クリックします。

6 棒グラフが作成されました

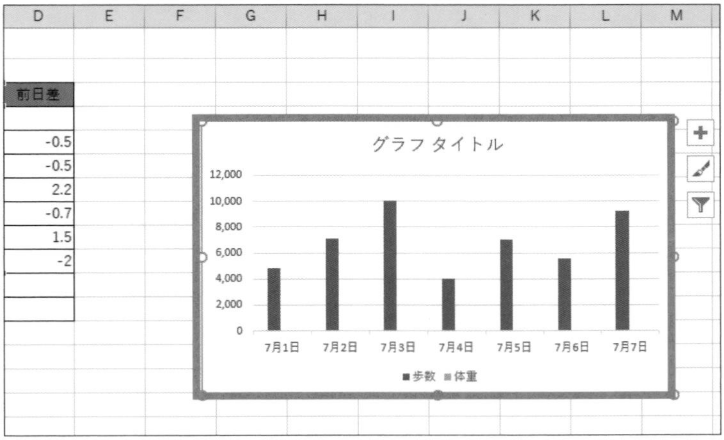

「歩数」を使った
棒グラフが
作成されました。

コラム グラフを削除するには

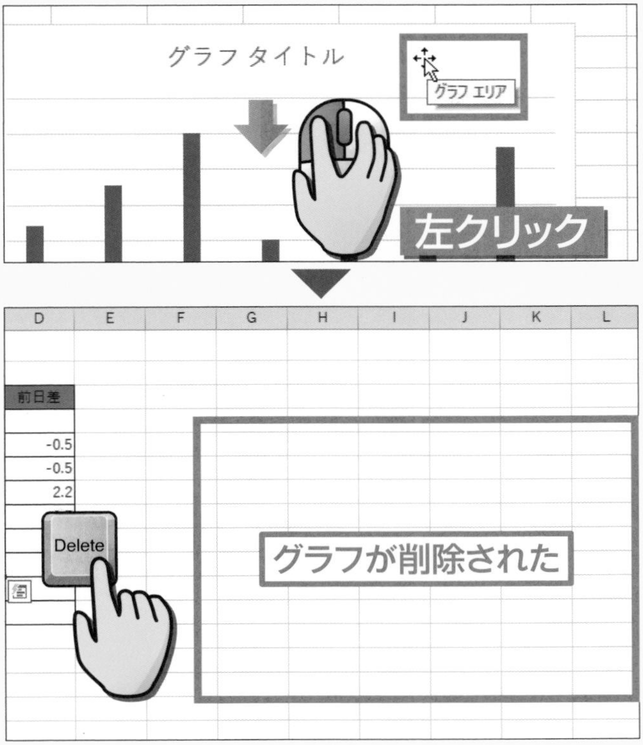

グラフを削除するには、
グラフの内側の
なにもないところを
左クリックします。

グラフが
選択された状態で
Delete(デリート)キーを押すと、
グラフを削除できます。

体重を折れ線グラフに変更しよう

前節で「歩数」の棒グラフを作成できました。
ここでは、「体重」を使って、**折れ線グラフを作成**しましょう。

操作　移動 ▶P.012　左クリック ▶P.013

1 グラフを選択します

グラフの内側のなにもない場所を**左クリック**します。

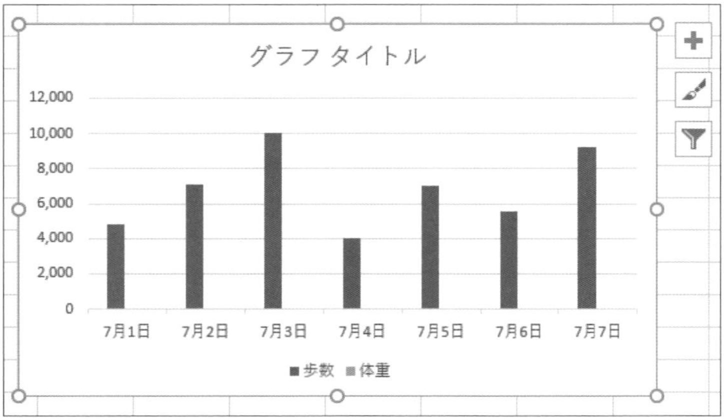

グラフが枠で囲まれ、選択できました。

ポイント！

グラフが正しく選択されると、グラフの周囲に○が表示されます。

2 「グラフツール」の「デザイン」タブに切り替えます

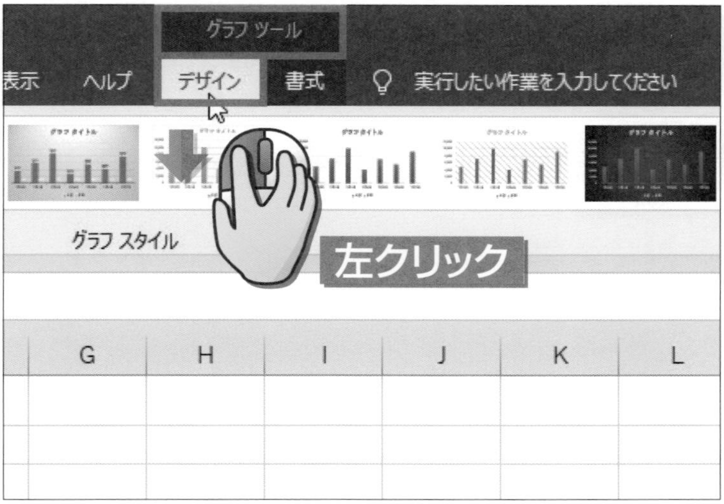

グラフ ツール の

デザイン を

左クリックします。

3 グラフの種類を変更します

グラフの種類の変更 に

カーソル を移動して、

左クリックします。

次へ >>>

4 組み合わせグラフに変更します

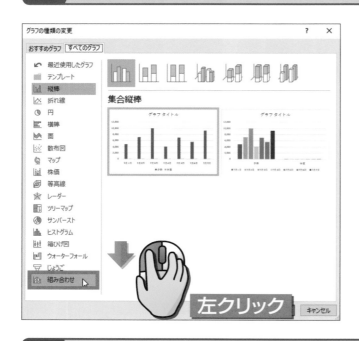

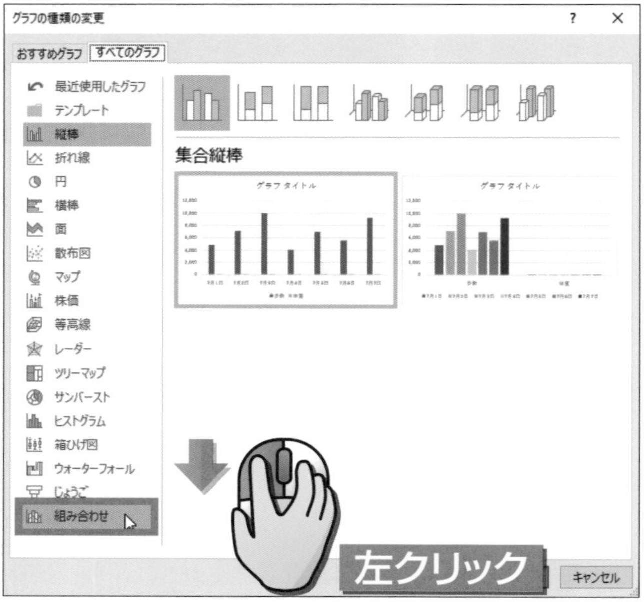

組み合わせ を

左クリックします。

5 「体重」の第2軸をオンにします

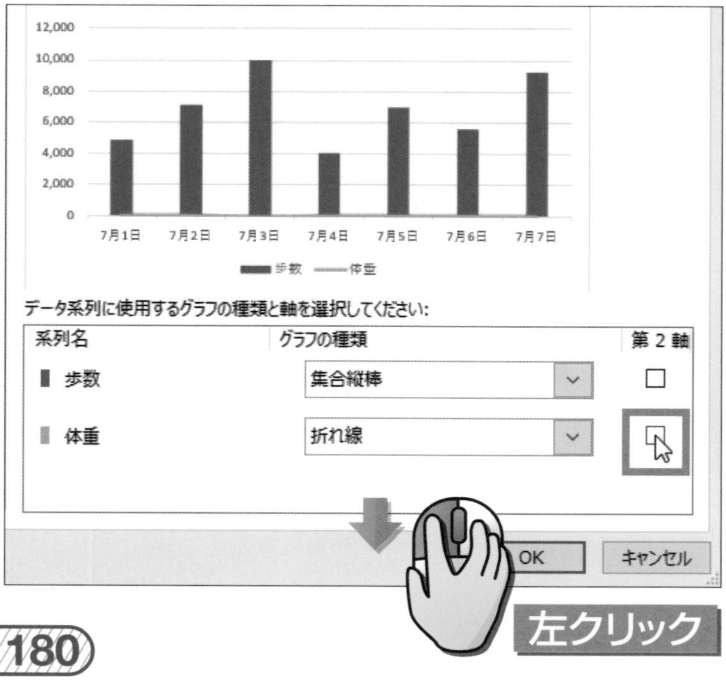

体重 の 第 2 軸 の

□を

左クリックします。

ポイント!

ここでは、縦棒グラフと折れ線グラフを使った組み合わせグラフを作成します。

6 「OK」を左クリックします

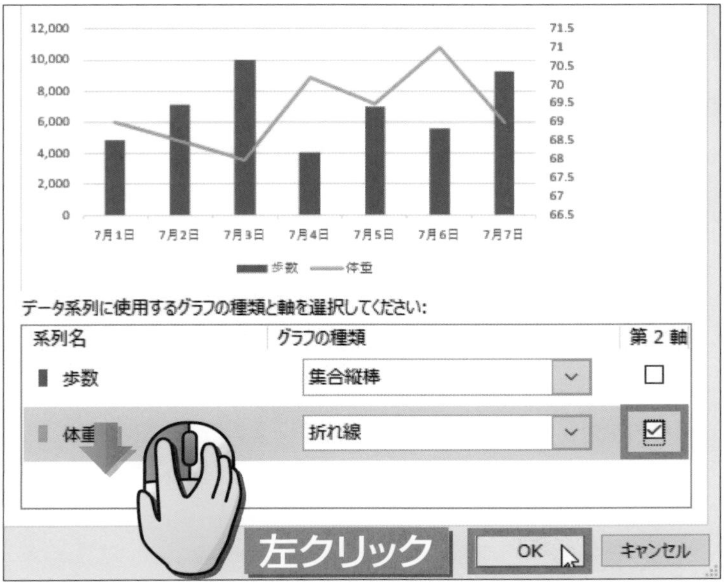

第２軸 の

□が☑に変わります。

OK を

左クリックします。

7 組み合わせグラフが表示されます

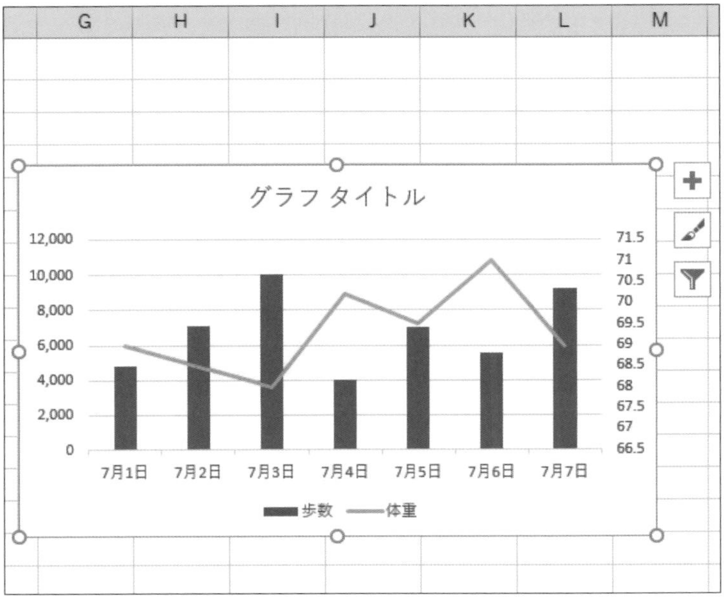

「歩数」が棒グラフ、
「体重」が折れ線グラフで
表示された、
組み合わせグラフが
作成できました。

ポイント！

体重の数値は右側の第2軸に
表示されています。

グラフのタイトルを入力しよう

グラフの上部にある**グラフタイトル**に文字を入力します。
ここでは、「歩数と体重の変化」と入力します。

操作　左クリック ▶P.013　ドラッグ ▶P.014　入力 ▶P.015

1 グラフタイトルを選択します

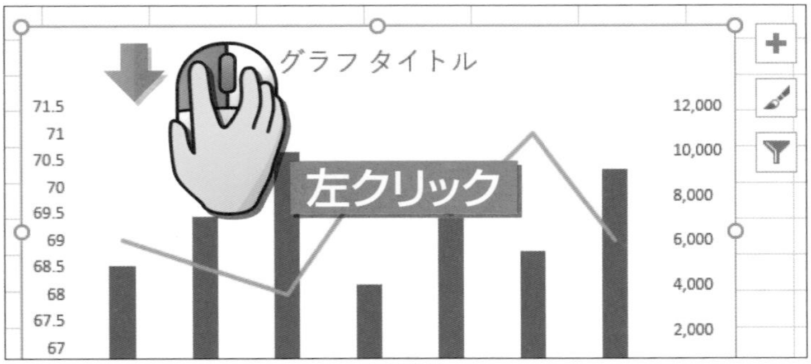

178ページの方法で、グラフを**左クリック**して選択します。

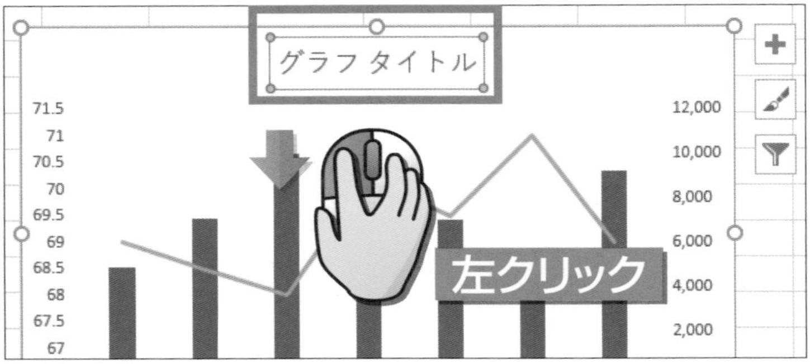

グラフ タイトル に カーソル を**移動**して、**左クリック**します。

2 グラフのタイトルを入力します

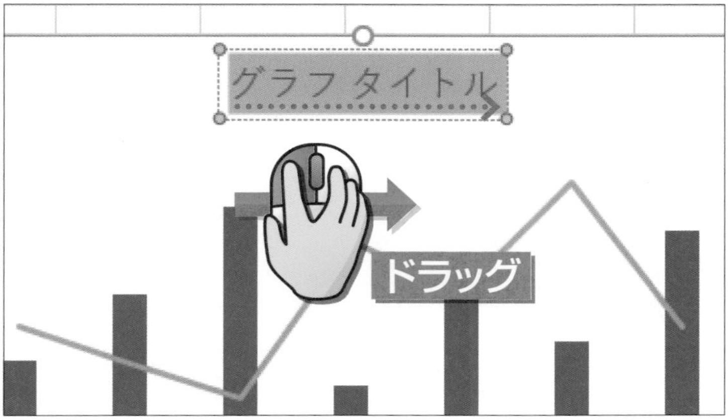

グラフ タイトルの文字を

ドラッグして

選択します。

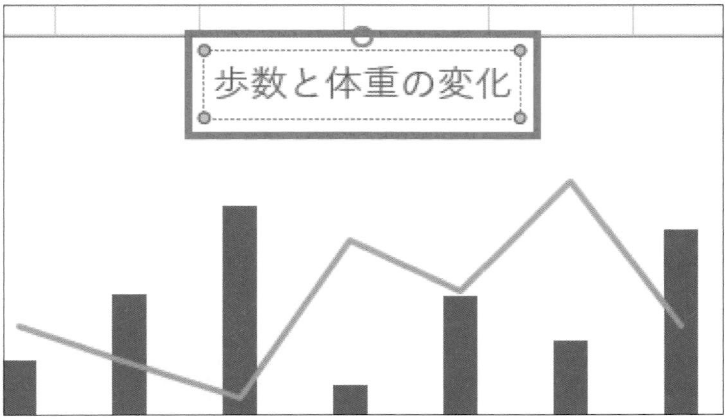

「歩数と体重の変化」と

入力します。

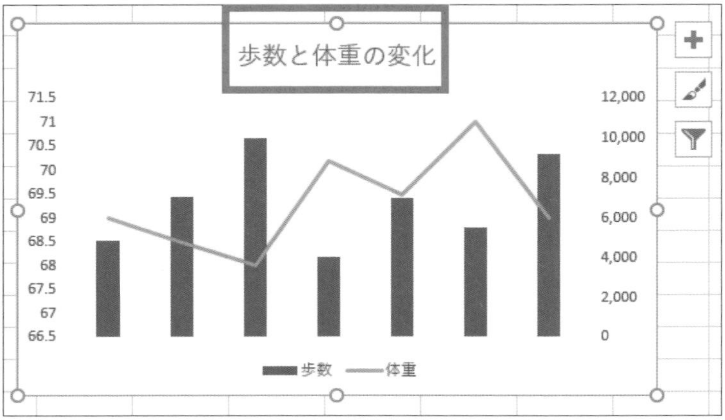

グラフタイトルが変更されました。

グラフの位置を変更しよう

グラフを表の右側に移動します。
グラフを正しく選択してから、ドラッグしましょう。

操作　左クリック ▶P.013　ドラッグ ▶P.014

1 グラフを選択します

178ページの方法で、グラフを左クリックして選択します。

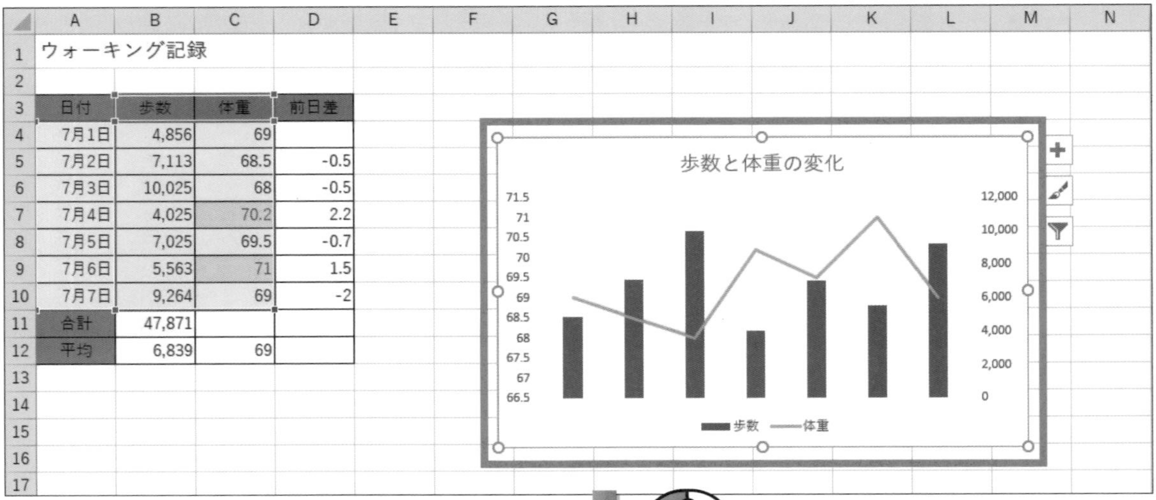

	A	B	C	D
1	ウォーキング記録			
2				
3	日付	歩数	体重	前日差
4	7月1日	4,856	69	
5	7月2日	7,113	68.5	-0.5
6	7月3日	10,025	68	-0.5
7	7月4日	4,025	70.2	2.2
8	7月5日	7,025	69.5	-0.7
9	7月6日	5,563	71	1.5
10	7月7日	9,264	69	-2
11	合計	47,871		
12	平均	6,839	69	

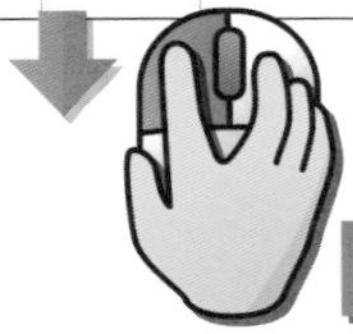

2 グラフを移動します

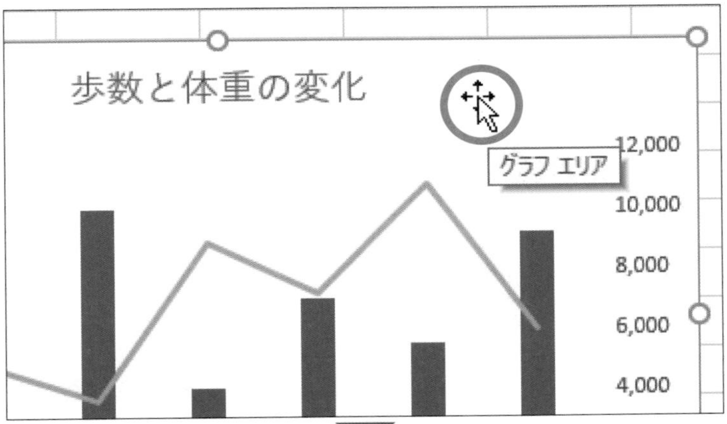

カーソル
の形状が

になっていることを

確認します。

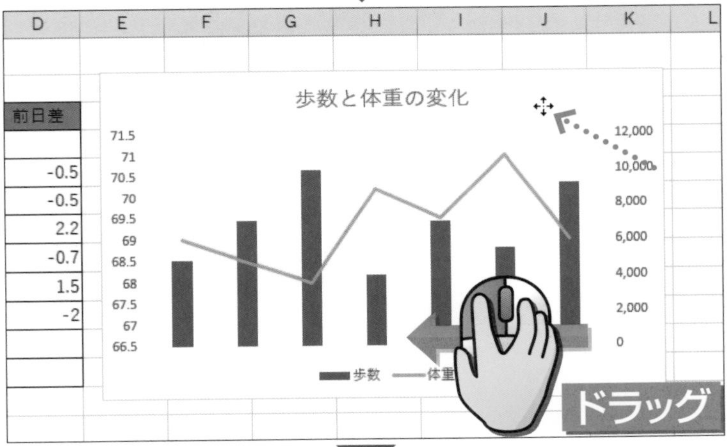

移動先までグラフを

ドラッグします。

ポイント!

ここでは、表のすぐ右どなりに移動しています。

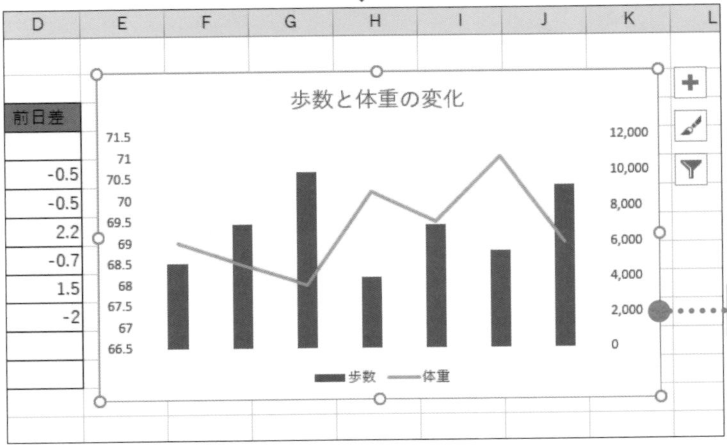

グラフを

移動できました。

グラフが移動した

グラフのサイズを変更しよう

グラフのサイズはあとから変更できます。
グラフの周りのハンドルをドラッグして大きくしましょう。

操作　移動 ▶P.012　左クリック ▶P.013　ドラッグ ▶P.014

1 グラフのサイズを変更します

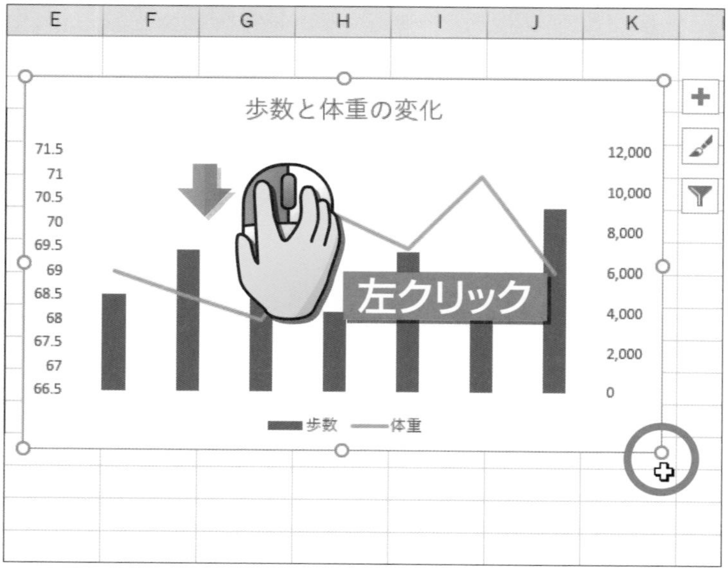

178ページの方法で、グラフを左クリックして選択します。

グラフの右下の○にカーソルを移動します。

2 ハンドルをドラッグします

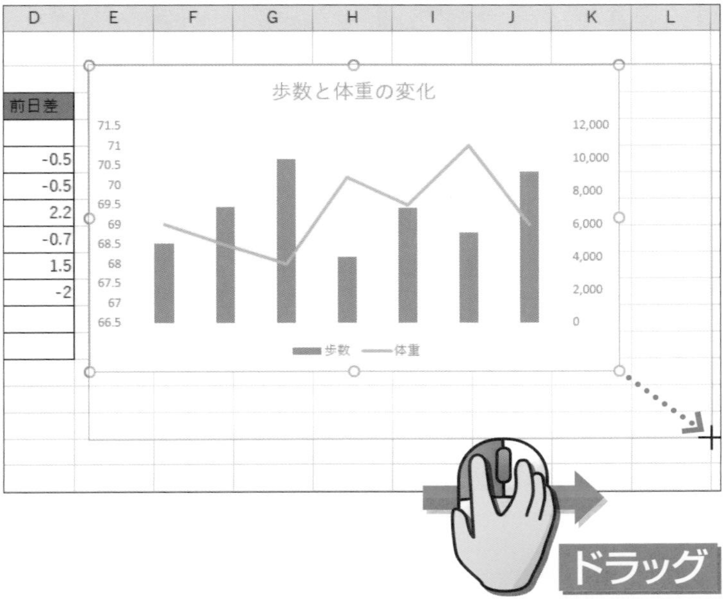

カーソル ✚ の形が ⤡ になったら、右斜め下に ドラッグします。

3 グラフが大きくなりました

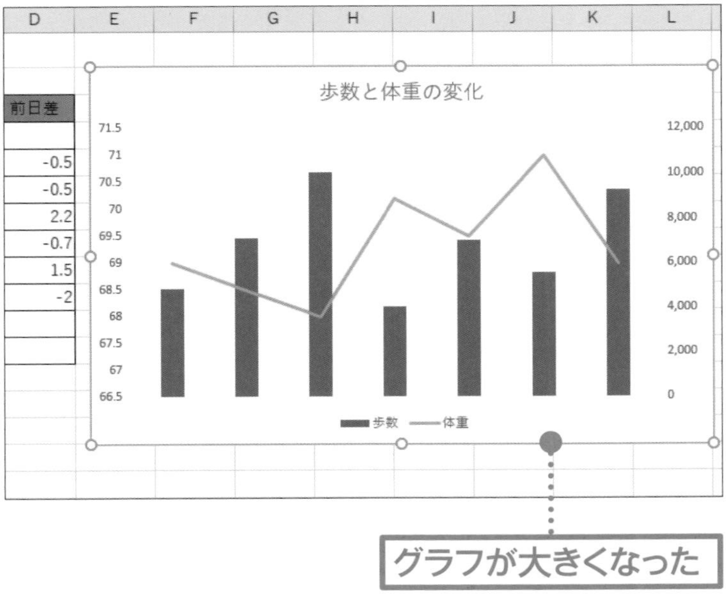

グラフのサイズが大きくなりました。

反対に左斜め上方向にドラッグすると、グラフが小さくなります！

グラフのデザインを変更しよう

グラフの見た目は、あとから変更できます。用意されているスタイルを選ぶだけで、かんたんにグラフのデザインを変更できます。

操作　移動 ▶P.012　左クリック ▶P.013

1 グラフを選択します

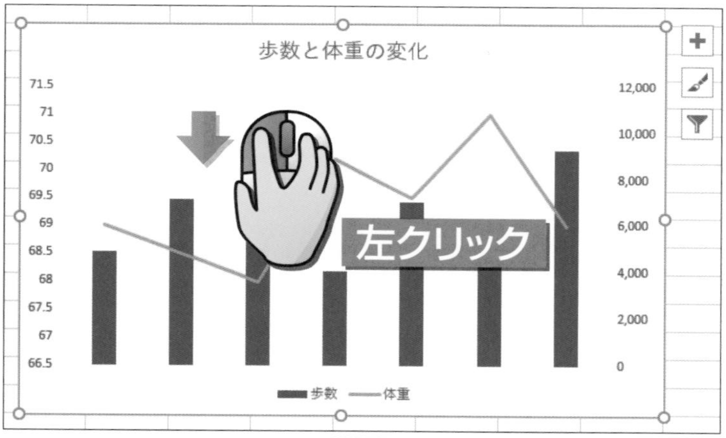

178ページの方法で、グラフを左クリックして選択します。

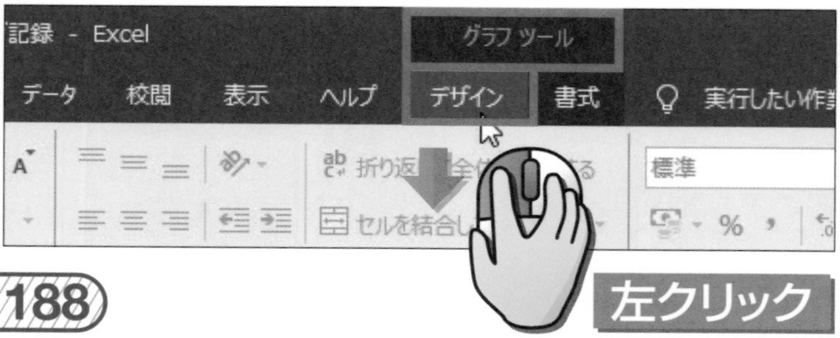

グラフ ツールのデザインを左クリックします。

2 グラフのデザインを変更します

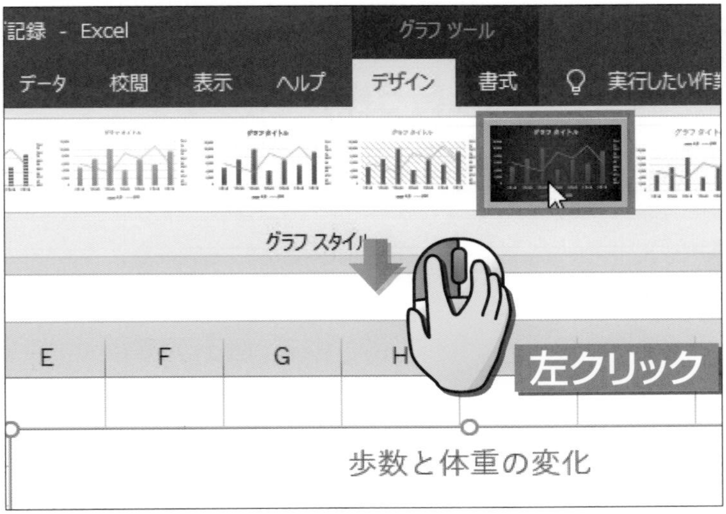

グラフ スタイル の一覧から「スタイル6」に カーソル を移動して、

左クリックします。

3 グラフのデザインが変わりました

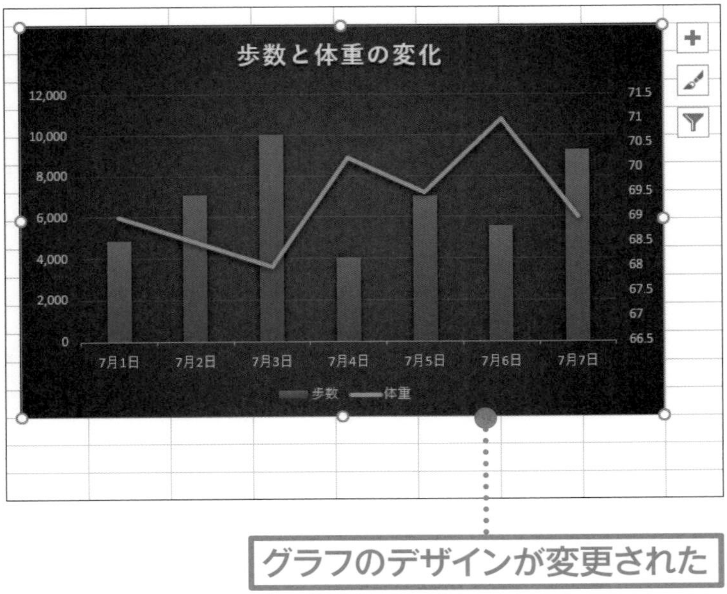

グラフのデザインが変更されました。

ポイント!

56ページの方法で上書き保存し、エクセルを終了します。

▶ 第9章　練習問題

1　グラフを作成するときに、最初に行う操作は何ですか？

❶ グラフの種類を選ぶ
❷ 表の中でグラフにしたい値の入ったセルを選択する
❸ グラフの作成場所を決める

2　以下の表で、商品名別の7月から9月のデータを折れ線グラフにするには、どのセルを選択しますか？

	A	B	C	D	E	F
1	商品別売上表					
2						
3	商品名	7月	8月	9月	合計	
4	チーズケーキ	160	145	160	465	
5	シュークリーム	230	250	275	755	
6	アップルパイ	85	60	70	215	
7	合計	475	455	505	1,435	
8						

❶ A4セル～D6セル
❷ A3セル～E7セル
❸ A3セル～D6セル

3　以下のグラフの中で、「組み合わせ」グラフはどれですか？

❶
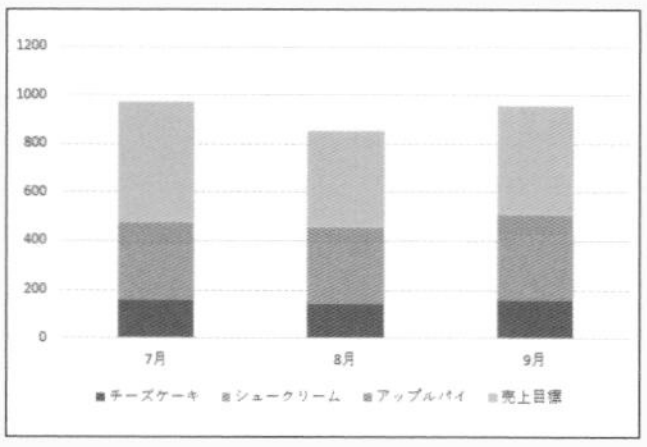

❷
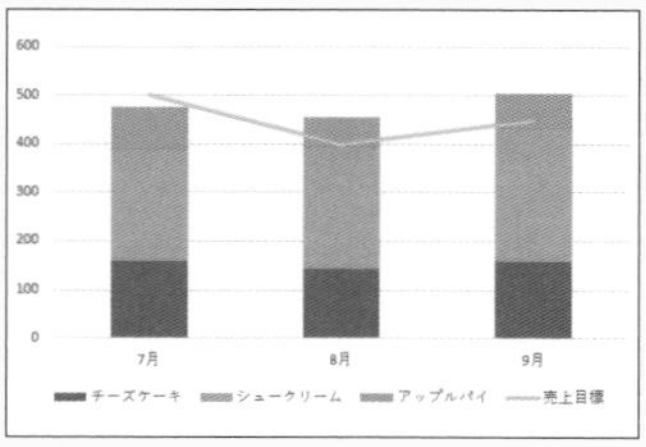

❸
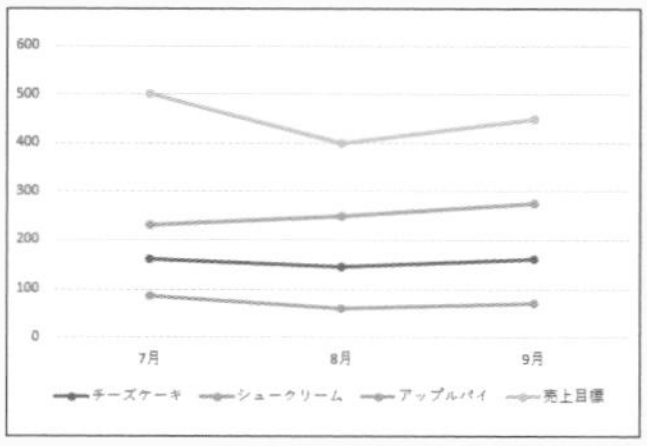

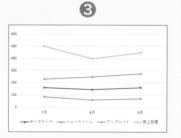

第10章

10 翌月分のウォーキング記録を作ろう

この章で学ぶこと

- ワークシートをコピーできますか?
- ワークシートの名前を変更できますか?
- ワークシートの見出しに色をつけられますか?
- ワークシートのデータを消去できますか?

この章でやること～ワークシートの追加

この章では、1枚目のワークシートをコピーして、翌月分の「ウォーキング記録」を作成します。ここでは全体の流れを紹介します。

手順❶　ワークシートをコピーする

最初に表示されているのは、「Sheet1」という名前のワークシートです。ここでは翌月の表を作成するために、「Sheet1」のワークシートをコピーします。

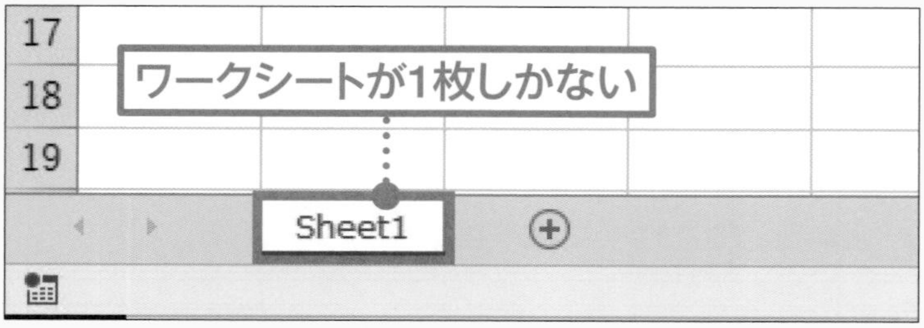

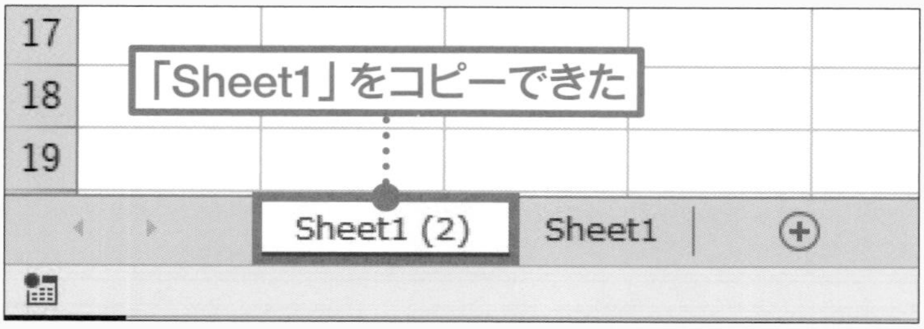

手順❷　ワークシートの名前を変更する

ワークシートをコピーできたら、ワークシートの名前を変更します。

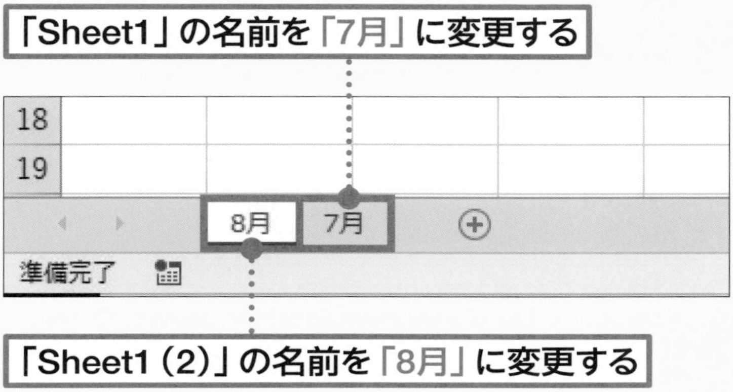

手順❸　翌月分の表を作成する

コピーしたワークシートの「ウォーキング記録」の
データを消去してから、翌月分のデータを入力します。

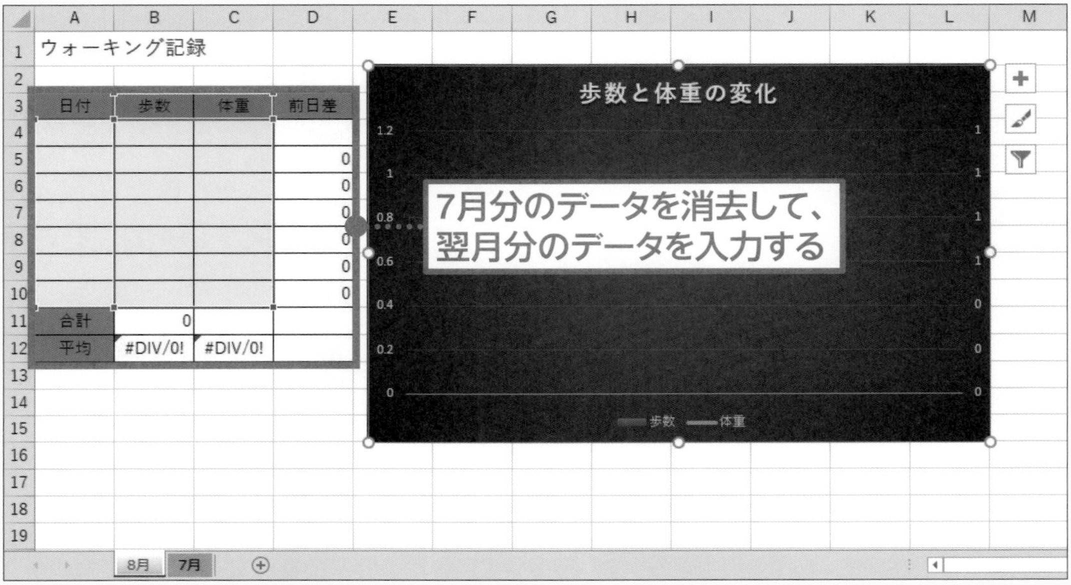

ワークシートをコピーしよう

「Sheet1」のワークシートをコピーして、
翌月分の「ウォーキング記録」を作成する準備を行います。

操作　移動 ▶P.012　左クリック ▶P.013　右クリック ▶P.013

1 「Sheet1」を右クリックします

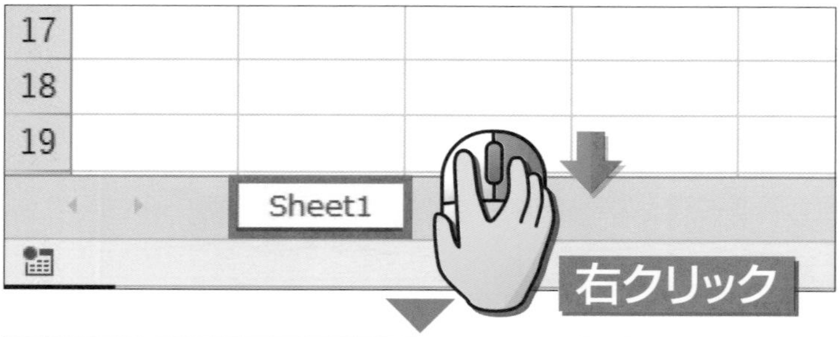

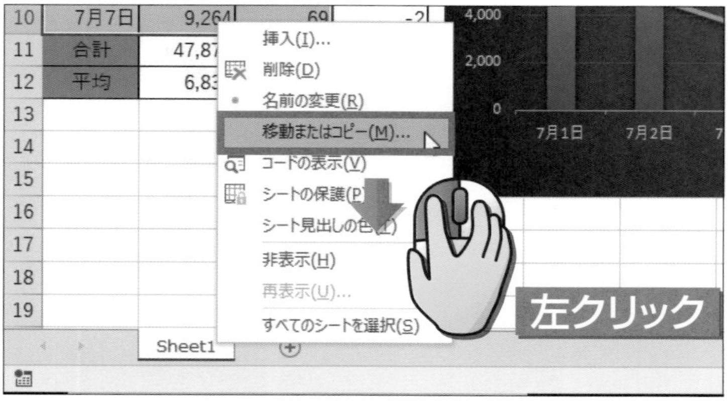

38ページの方法で、「ウォーキング記録」を開きます。

Sheet1 を右クリックします。

移動またはコピー(M)... を左クリックします。

2 「Sheet1」をコピーします

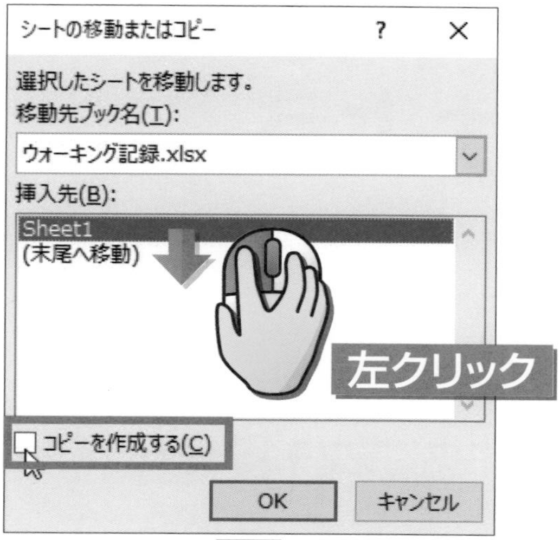

左の画面が
表示されたら、
□ コピーを作成する(C) に
カーソルを移動して、
左クリックします。

□が☑に変わります。

OK に
カーソルを移動して、
左クリックします。

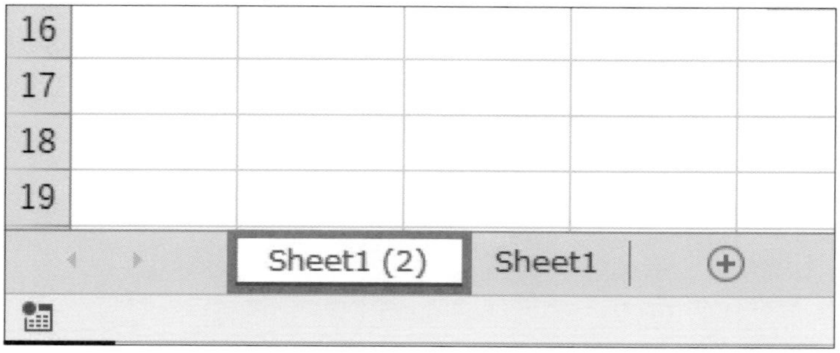

Sheet1 が
コピーされて、
Sheet1 (2) が
追加されました。

ワークシートに名前をつけよう

ワークシートの名前を変更します。
ここでは、「7月」と「8月」という名前をつけます。

1 「Sheet1」を右クリックします

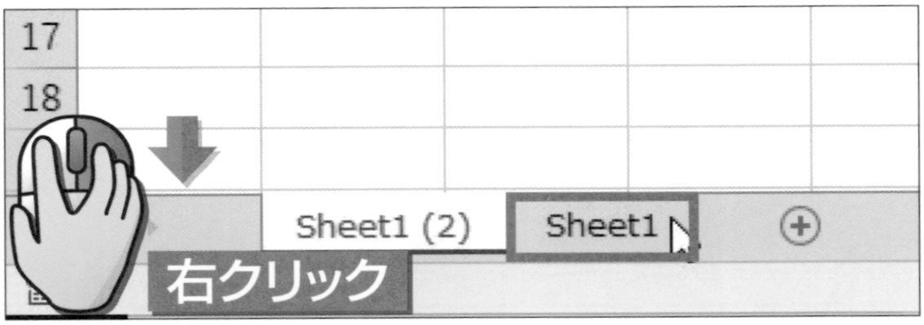

Sheet1 を

右クリックします。

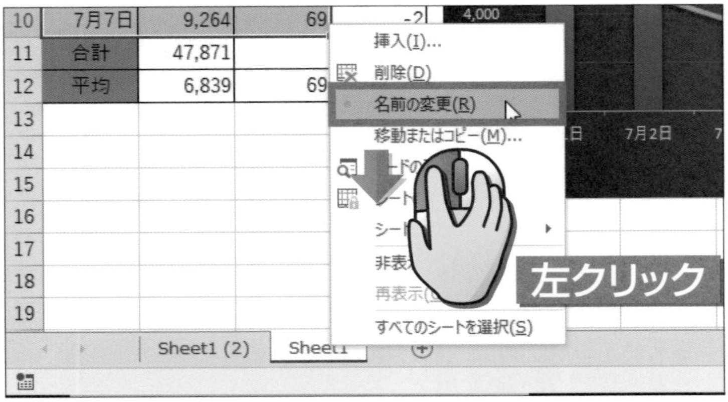

名前の変更(R) を

左クリックします。

2 ワークシートの名前を変更します

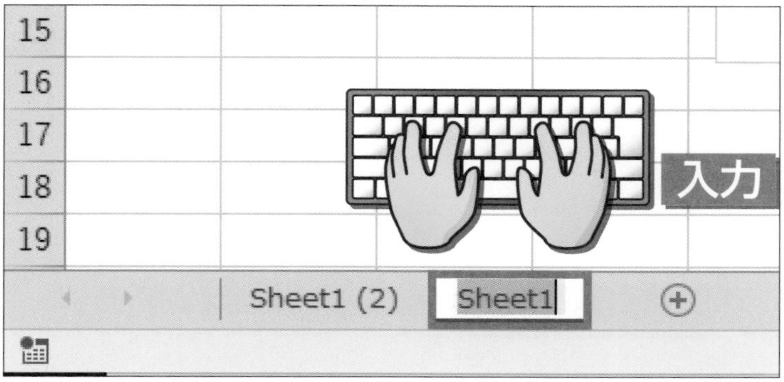

「7月」と

入力します。

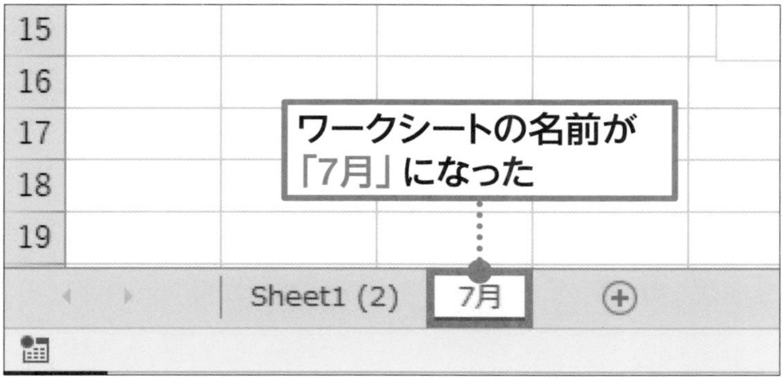

「Sheet1」が
「7月」という名前に
なりました。

Sheet1 (2) に

カーソル を移動して、

右クリックします。

次へ >>>

3 「Sheet2」に名前をつけます

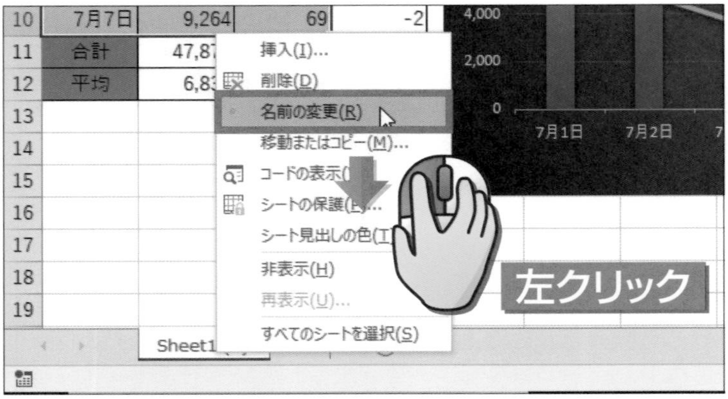

名前の変更(R) に カーソル を移動して、左クリックします。

「8月」と 入力します。

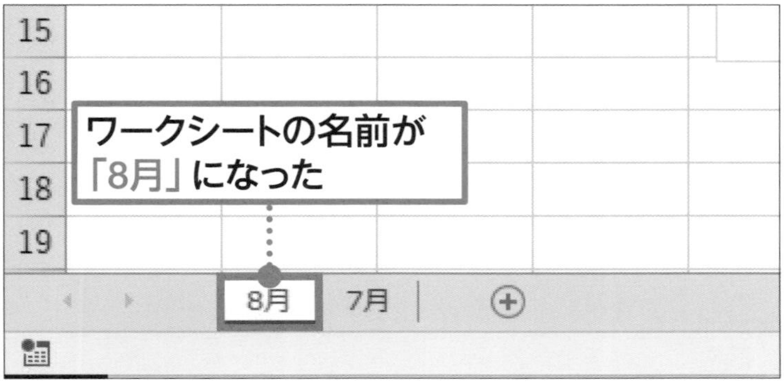

「Sheet1 (2)」が「8月」という名前になりました。

コラム ワークシートを追加・削除するには

● ワークシートの追加

ワークシートの名前の右側にある⊕（新しいシート）を左クリックすると、ワークシートを追加できます。

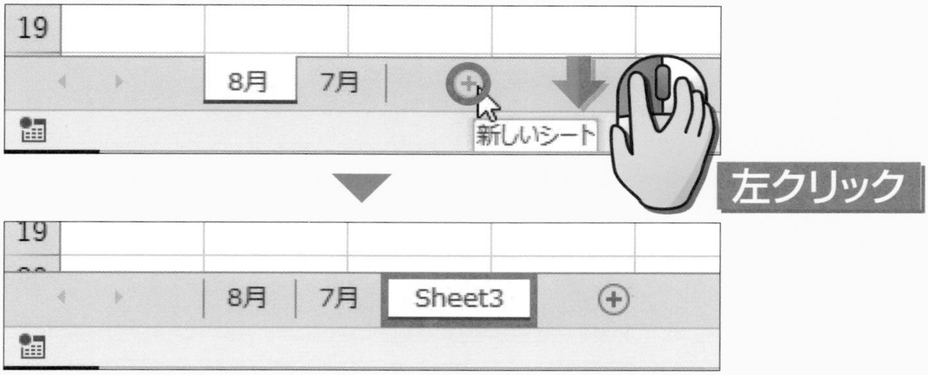

● ワークシートの削除

削除したいワークシートの名前を右クリックし、

削除(D) を左クリックすると、

ワークシートを削除できます。

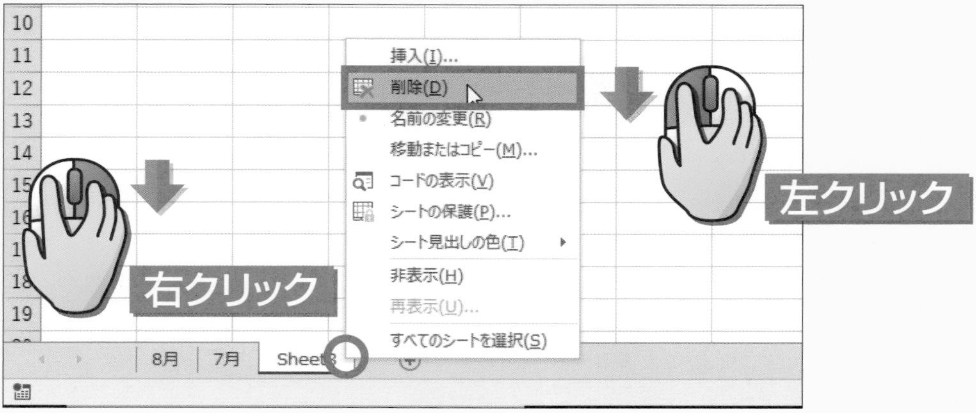

ワークシートの見出しに色をつけよう

ワークシートの見出しの色は、あとから変更できます。
ここでは、月ごとに異なる色をつけてみましょう。

操作　移動 ▶P.012　左クリック ▶P.013　右クリック ▶P.013

1 「7月」シートを右クリックします

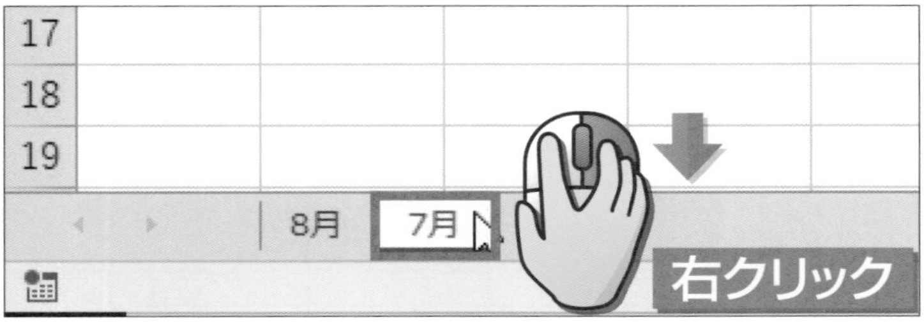

7月 を

右クリックします。

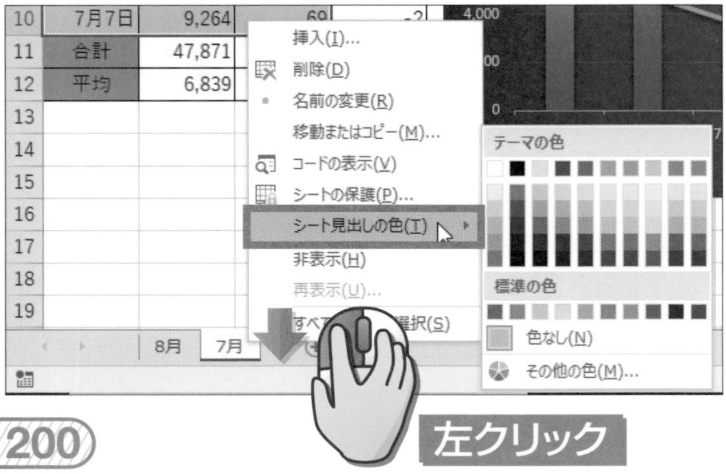

シート見出しの色(T) に

カーソル を移動して、

左クリックします。

2 見出しの色を変更します

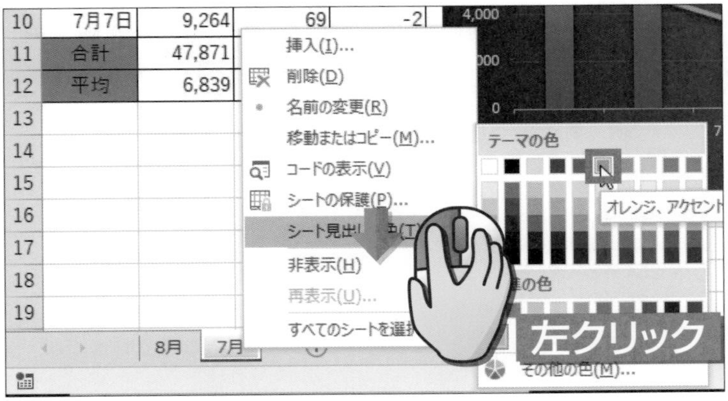

見出しにつけたい色を

左クリックします。

ポイント！

ここでは、「オレンジ、アクセント2」を左クリックしています。

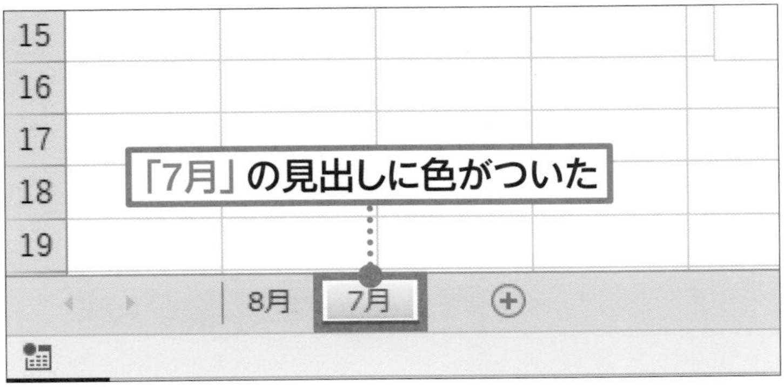

「7月」の見出しに色がつきました。

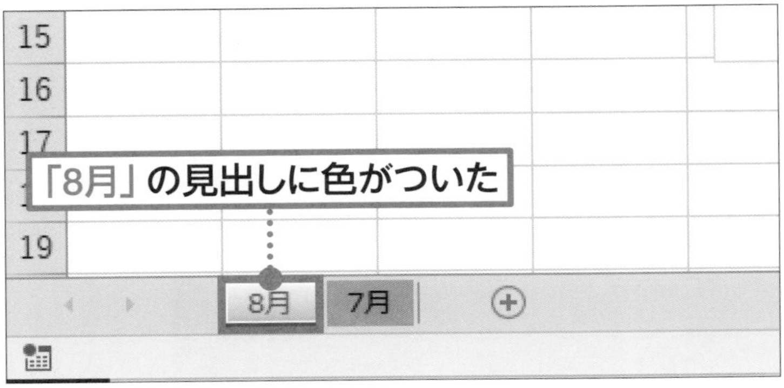

同様の操作で、「8月」の見出しにも色をつけます。

ポイント！

ここでは、「緑、アクセント6」を左クリックしています。

ワークシートのデータを消去しよう

「8月」の表には7月のデータが残っています。
7月の日付と歩数、体重のデータを消去して、8月のデータを入力しましょう。

操作　左クリック ▶P.013　ドラッグ ▶P.014　入力 ▶P.015

1 ワークシートを切り替えます

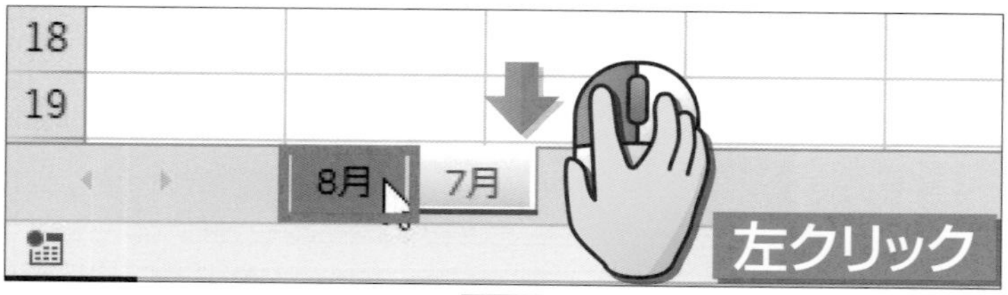

8月 を
左クリックします。

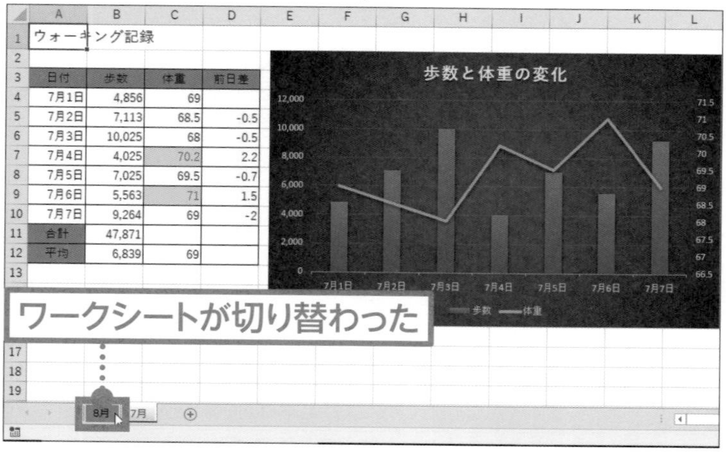

「8月」のワークシートが
表示されます。

シートの名前を左クリックすると、そのシートの内容が表示されるよ！

2 7月のデータを消去します

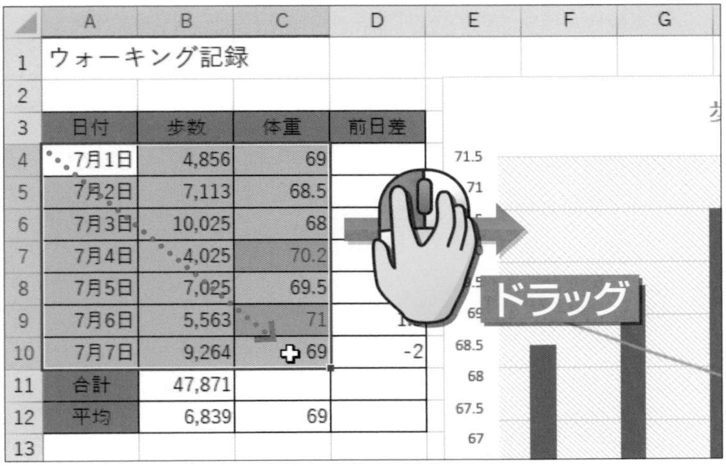

A4セルからC10セルを

ドラッグします。

ポイント!

ここで入力されているのは7月のデータなので、削除します。

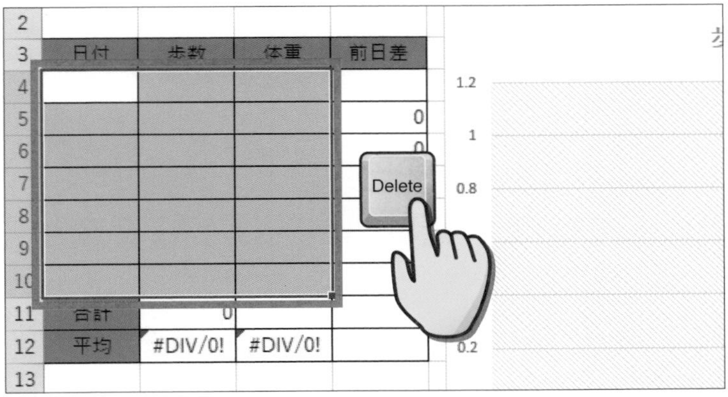

デリート
Delete キーを押します。

7月のデータが
消去されました。

ポイント!

3行目の項目名や、D列、11行目、12行目の計算式はドラッグしないように注意しましょう。

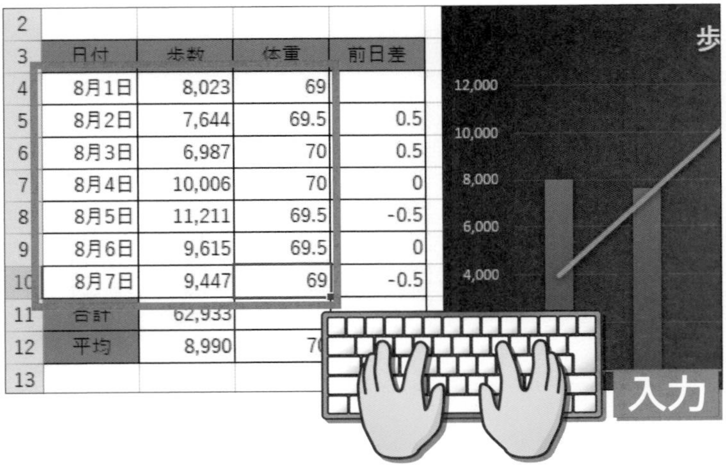

8月のデータを

入力します。

ポイント!

56ページの方法で上書き保存し、エクセルを終了します。

第10章　練習問題

1

「Sheet1」の名前がついたワークシートをコピーするときに最初に行う操作はどれですか?

❶「Sheet1」を右クリックする
❷ 数式バーを右クリックする
❸ タイトルバーを右クリックする

2

「Sheet1」の名前がついたワークシートをコピーすると、なんという名前のシートになりますか?

❶ Sheet2
❷ Sheet1（コピー）
❸ Sheet1(2)

3

ワークシートの見出しについて、正しい説明はどれですか?

❶「Sheet1」や「Sheet2」などの名前は変更できない
❷ ワークシートの見出しを左クリックすると、その内容が表示される
❸ ワークシートの見出しの色は変更できない

付録

エクセルの困った!を解決しよう

この章で学ぶこと

- エクセルをかんたんに起動できますか?
- 文字をコピーして貼り付けられますか?
- ファイルを削除できますか?
- 2ページに分かれた表を1ページに印刷できますか?
- 小さな表を拡大して印刷できますか?

エクセルをかんたんに起動したい

エクセルをタスクバーに登録しておくと、アイコンを左クリックするだけで、エクセルを起動することができます。

操作　移動 ▶P.012　左クリック ▶P.013　右クリック ▶P.013

1 エクセルを右クリックします

20ページの方法で、アプリの一覧を表示します。

に カーソル を移動して、

右クリックします。

2 エクセルをタスクバーに登録します

その他 ➡

タスク バーにピン留めする

の順番に

左クリックします。

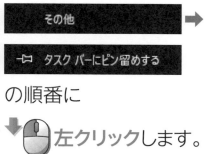

3 エクセルがタスクバーに登録されました

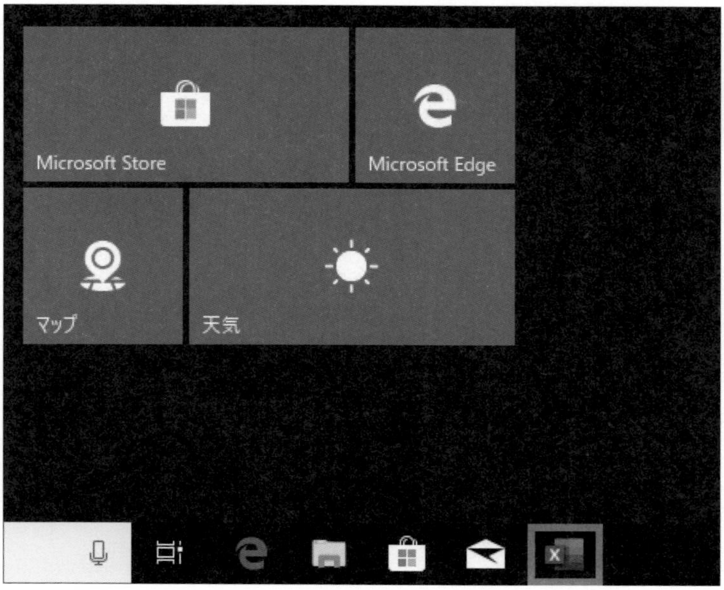

タスクバーに

エクセル

が追加されました。

タスクバーの エクセル を

左クリックすると、

エクセルが起動します。

最近使ったファイルをかんたんに開きたい

206ページの方法で、タスクバーにエクセルを登録すると、
最近使ったファイルの一覧からファイルを開くことができます。

操作　移動 ▶P.012　左クリック ▶P.013　右クリック ▶P.013

1 エクセルのアイコンを右クリックします

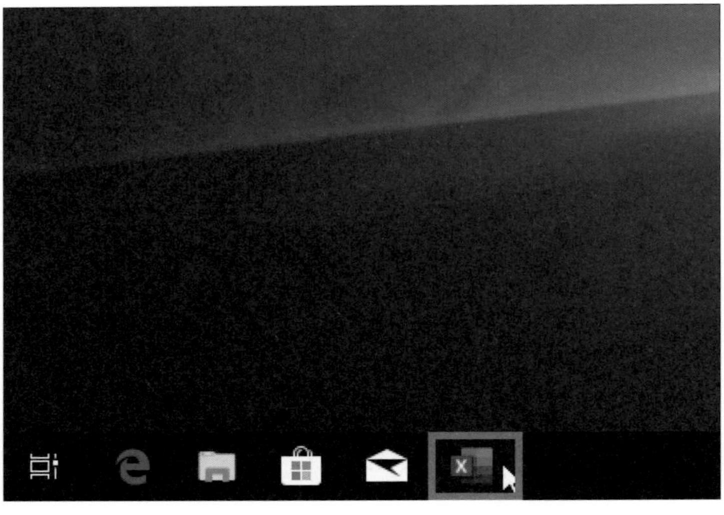

206ページの方法で、エクセルをタスクバーに登録しておきます。

タスクバーの（エクセル）にカーソルを移動して、右クリックします。

2 開きたいファイルを左クリックします

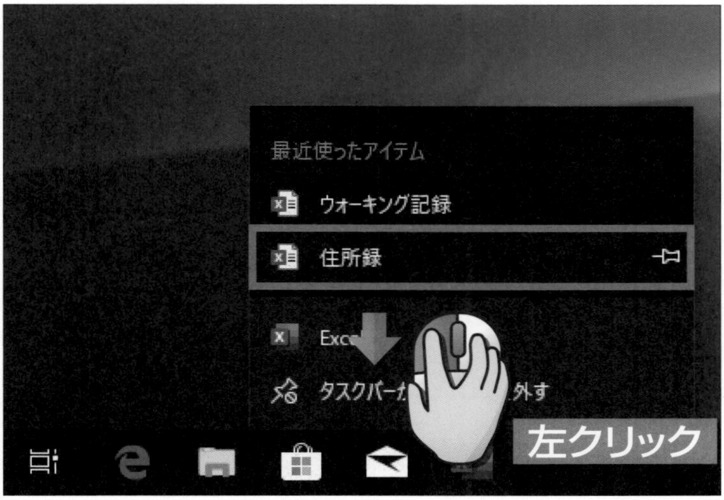

最近使ったファイルが一覧表示されます。

開きたいファイル（ここでは

）を左クリックします。

3 最近使ったファイルが開きました

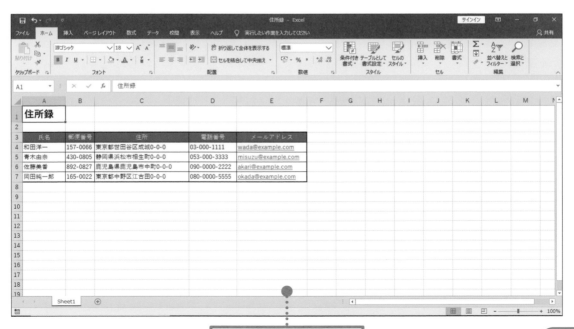

「住所録」が開きました。

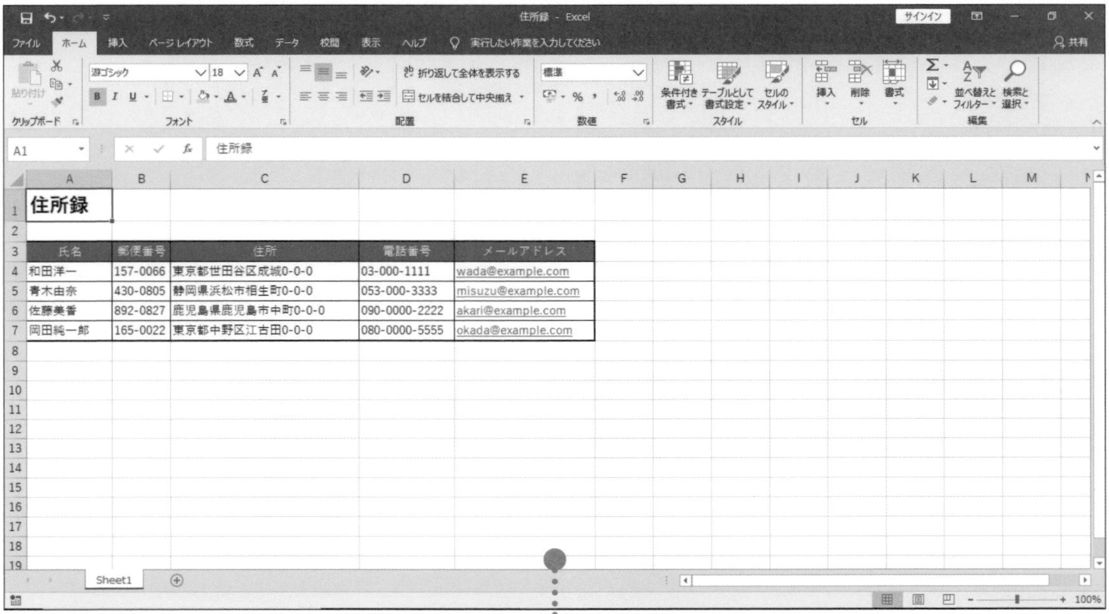

「住所録」が開いた

文字をコピーして貼り付けたい

ワークシートに何度も同じ文字を入力する場合は、セルに入力した文字をコピーするといいでしょう。

操作　移動 ▶P.012　左クリック ▶P.013

1 コピー元のセルを選択します

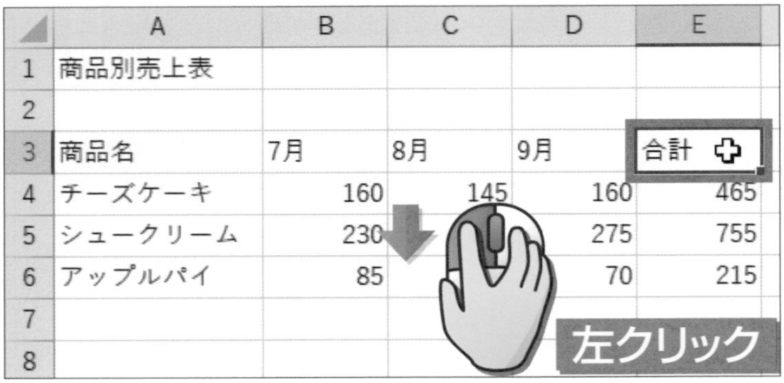

	A	B	C	D	E
1	商品別売上表				
2					
3	商品名	7月	8月	9月	合計
4	チーズケーキ	160	145	160	465
5	シュークリーム	230		275	755
6	アップルパイ	85		70	215
7					
8					

コピー元のセル（ここでは「合計」のセル）にカーソルを移動して、左クリックします。

ホーム を左クリックします。

2 コピー先に貼り付けます

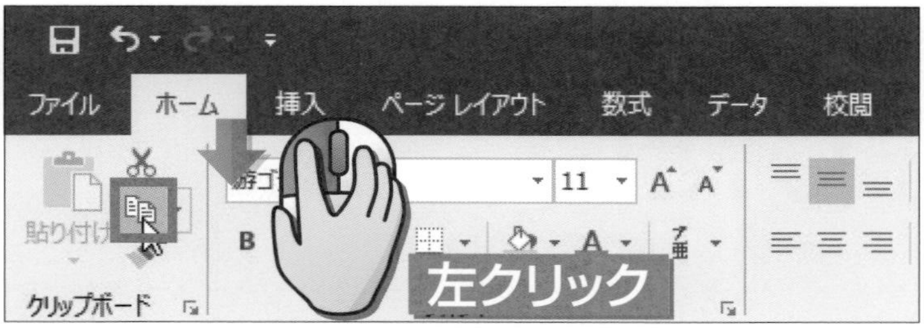

コピー を左クリックします。

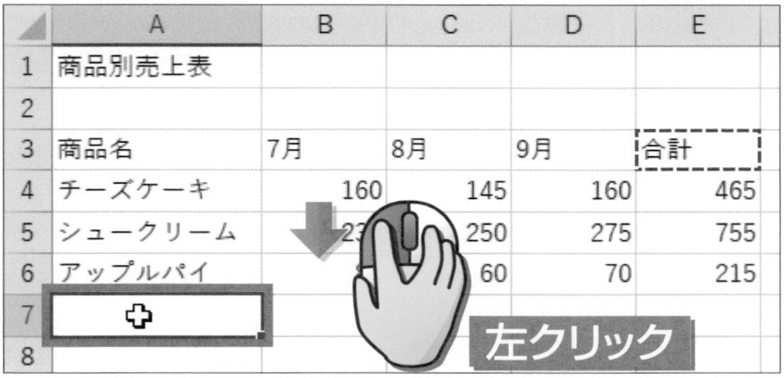

コピー先のセルを左クリックします。

貼り付け を左クリックします。

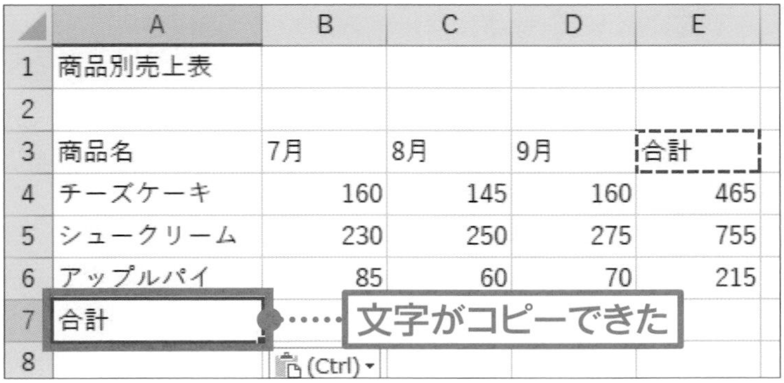

「合計」の文字を
コピーできました。

ファイルを削除したい

不要になったファイルはパソコンから削除できます。
間違って削除しないように、慎重に操作しましょう。

▶P.012　▶P.013

1 「エクスプローラー」を表示します

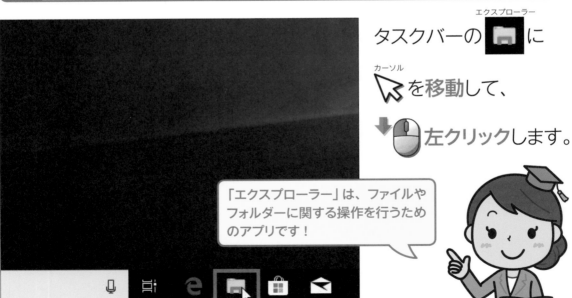

タスクバーの（エクスプローラー）にカーソルを移動して、左クリックします。

「エクスプローラー」は、ファイルやフォルダーに関する操作を行うためのアプリです！

2 ファイルを削除します

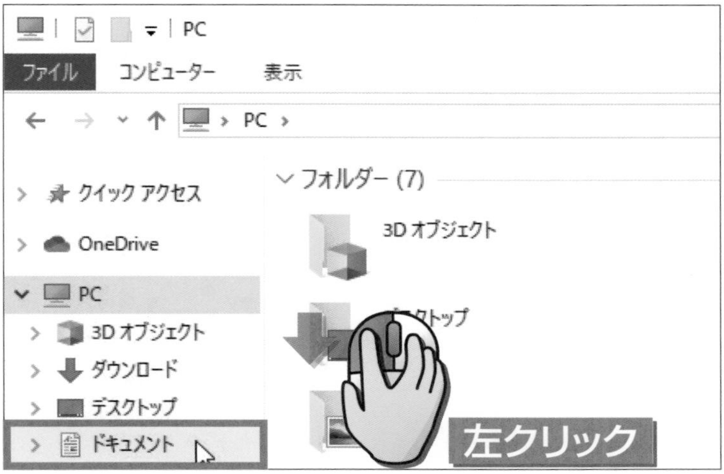

ドキュメント を

左クリックします。

ポイント!

ここでは、「ドキュメント」フォルダーの中の「請求書」ファイルを削除します。

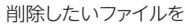

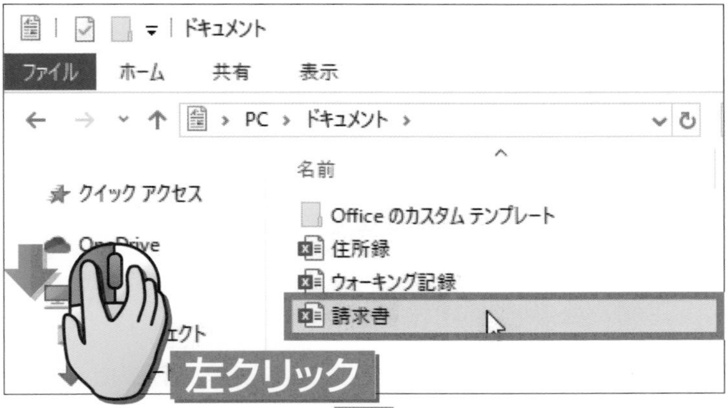

削除したいファイルを

左クリックします。

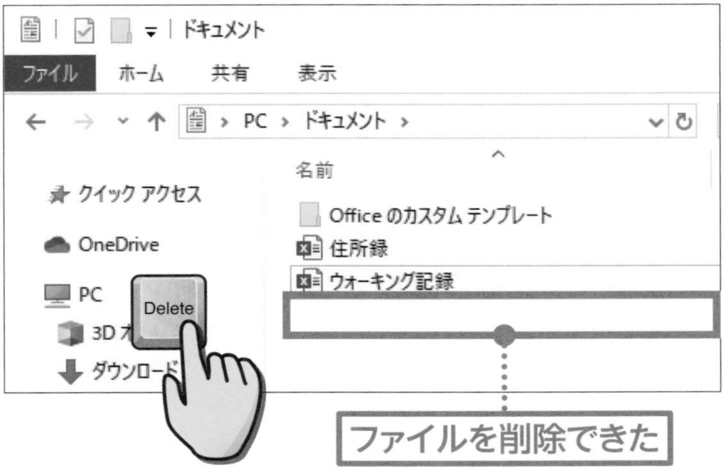

Delete（デリート）キーを押します。

ファイルを
削除できました。

表を1枚に収めて印刷したい

表やグラフを印刷イメージで確認すると、一部が次のページにはみでることがあります。1枚の用紙に収めて印刷してみましょう。

操作　移動 ▶P.012　左クリック ▶P.013

1 印刷イメージを確認します

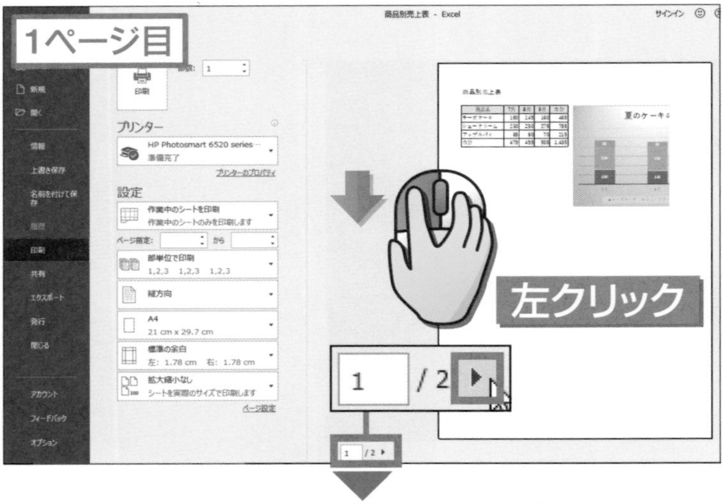

104ページの方法で、印刷イメージを表示します。

▶ を左クリックします。

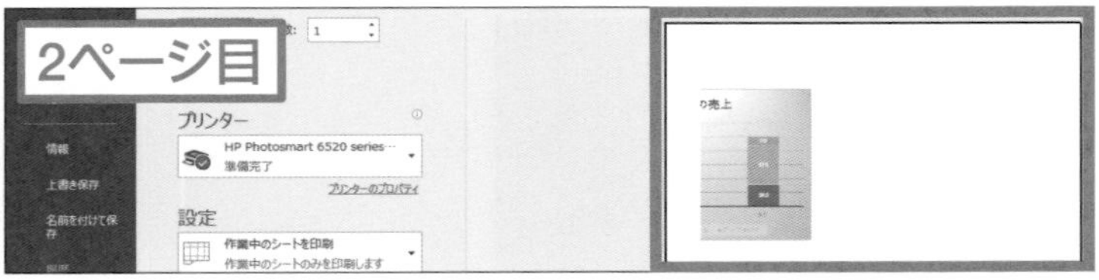

グラフが2ページ目にはみだしていることを確認します。

2 1枚の用紙に収めて印刷します

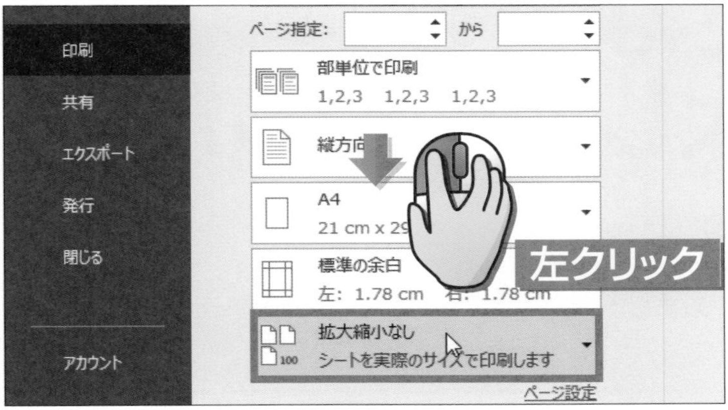

拡大縮小なし シートを実際のサイズで印刷します に

カーソル を移動して、

左クリックします。

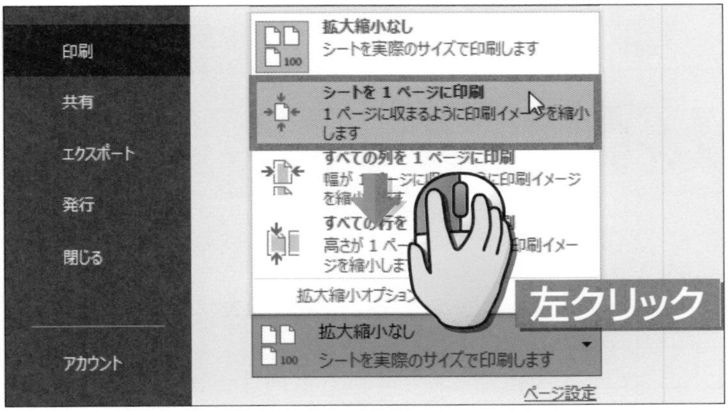

シートを 1 ページに印刷 1 ページに収まるように印刷イメージを縮小します に

カーソル を移動して、

左クリックします。

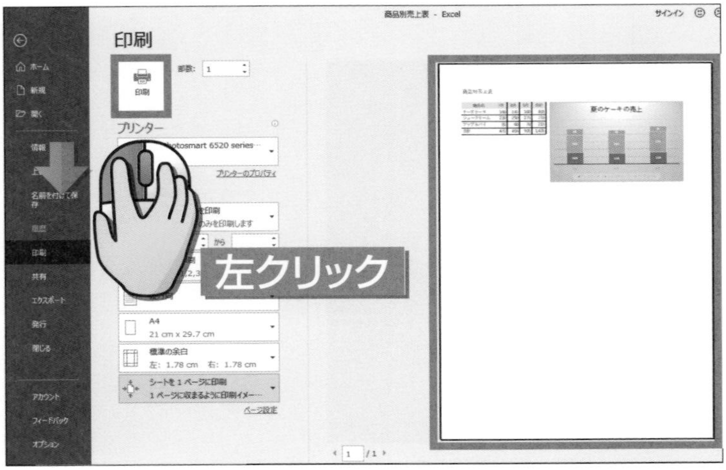

表とグラフが1枚の用紙に収まりました。

印刷 を

左クリックして、

印刷を行います。

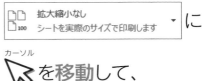

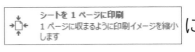

小さな表を拡大して印刷したい

小さい表をそのまま印刷すると、空白ばかりが目立ちます。
印刷する時だけ表を拡大してみましょう。

操作 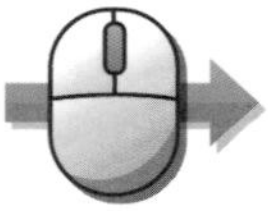 移動 ▶P.012 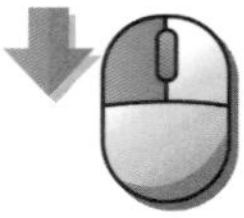 左クリック ▶P.013

1 印刷イメージを確認します

	A	B	C	D	E	F
1	商品別売上表					
2						
3	商品名	7月	8月	9月	合計	
4	チーズケーキ	160	145	160	465	
5	シュークリーム	230	250	275	755	
6	アップルパイ	85	60	70	215	
7	合計	475	455	505	1435	
8						

印刷したい表を
開いておきます。

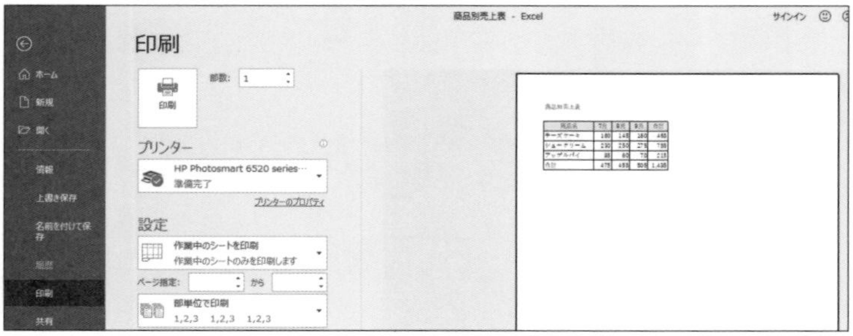

104ページの方法で、
印刷イメージを
表示します。

2 表を拡大します

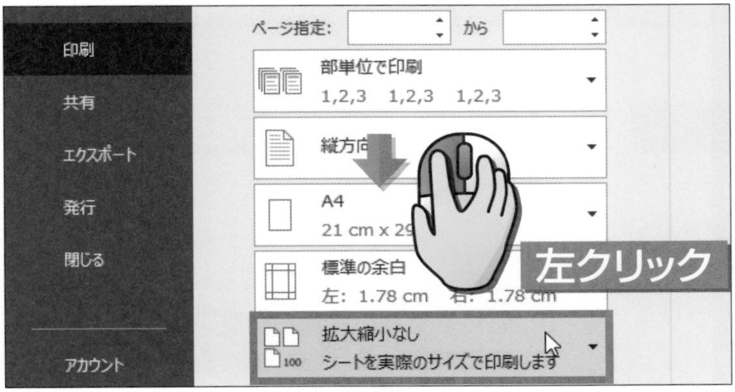

[拡大縮小なし シートを実際のサイズで印刷します] に

カーソル を移動して、

左クリックします。

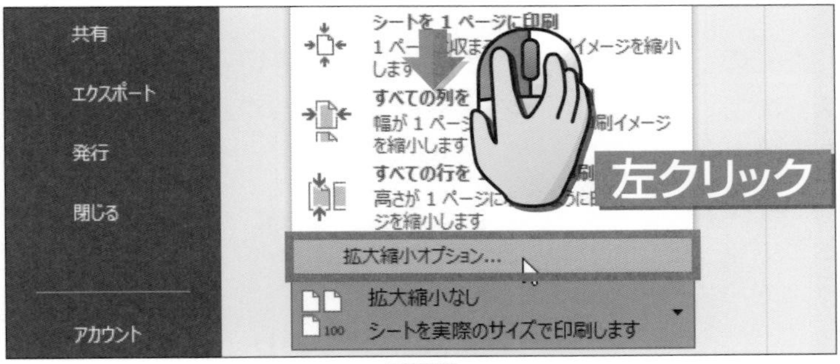

[拡大縮小オプション...] を

左クリックします。

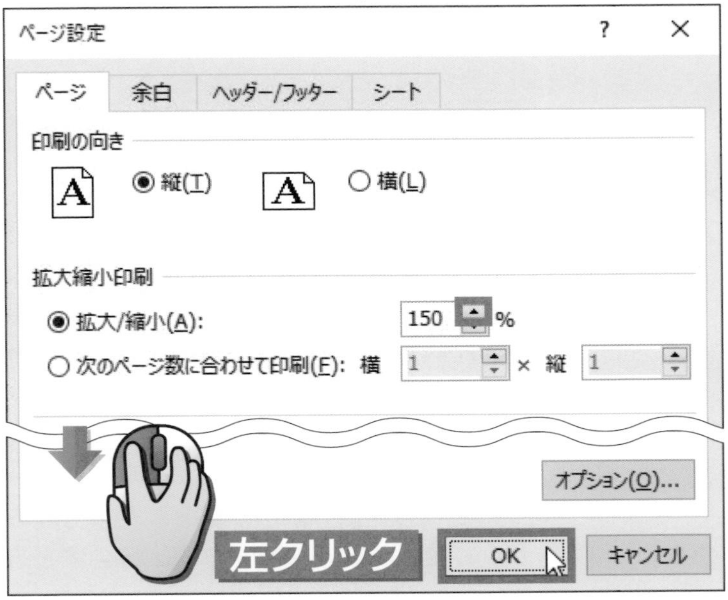

[◉ 拡大/縮小(A):] の

[▲] を

左クリックして、

「100」以上に変更します。

[OK] を

左クリックすると、

表が大きくなります。

▶練習問題解答

▶第1章　練習問題解答

1 正解 … ❶
エクセルを起動するときは、最初に❶の「スタート」ボタンを左クリックします。次に、表示されるメニューから「Excel」を左クリックします。

2 正解 … ❸
ワークシートは行と列で交差するたくさんのマス目で構成されています。このマス目のことを❸の「セル」と呼びます。セルの中でも太い枠組みのついたセルを「アクティブセル」と呼び、操作ができるセルであることを示しています。

3 正解 … ❷
エクセルを終了するには、画面右上にある❷の「閉じる」ボタンをクリックします。

4 正解 … ❸
エクセルでは、ファイルのことを❸の「ブック」と呼びます。ブックには、複数のワークシートを集めることができます。

▶第2章　練習問題解答

1 正解 … ❸
セルに数字を入力すると、❸の通り、セルの右側に詰めて表示されます。3桁ごとのカンマ記号や¥記号はあとからつけるので、入力したときには表示されません。

2 正解 … ❶
英語入力と日本語入力を切り替えるキーは、❶の[半角/全角]キーです。[半角/全角]キーを押すたびに、英語入力モードと日本語入力モードが交互に切り替わります。

3 正解 … ❸
上書き保存とは、❸の通り、現在のブックを最新の状態で更新して保存することです。もとのブックの内容は破棄されます。

▶第3章　練習問題解答

1 正解 … ❸
❸の数式バーは、アクティブセルの内容を表示する場所です。数式バーの中で修正したい文字を左クリックすると、文字カーソルが表示されて、入力済みの文字を部分的に修正できます。

2 正解 … ❷
「1」「2」「3」などの数字が書かれた横方向のセルの並びが「行」になります。行全体を選択するときは、行番号の数字を左クリックします。ここでは5行目を削除したいので、❷の行番号の「5」を左クリックします。

3 正解…❶

列を挿入すると、選択している列の左側に新しい列が追加されます。この画面ではB列を選択しているので、B列の左側、つまり❶のA列とB列の間に新しい列が追加されます。

▶ 第4章　練習問題解答

1 正解…❶

列幅を変更するときは、変更したい列番号の英字の右側にマウスカーソルを合わせて、左右にドラッグします。この画面では、A列の右側にマウスカーソルがあるので、❶のA列の列幅が変更されます。

2 正解…❸

列に入力済みのデータの中で、一番長いデータに合わせて自動的に列幅を調整するには、列番号の英字の右側にマウスカーソルを合わせて、❸の通り、ダブルクリックします。

3 正解…❷

セルそのものに色をつけるときは、❷の「塗りつぶしの色」ボタンを左クリックします。

▶ 第5章　練習問題解答

1 正解…❶

画面の表には、縦線、横線、外枠の罫線が引かれています。これは「格子」の罫線です。❶の「田」の漢字のような絵柄のボタンが、格子の罫線を引くボタンです。

2 正解…❸

罫線は、あとから引いた罫線が上書きされます。そのため、最初に格子の罫線を引いてから外枠太罫線を引くと、❸の通り、内側の格子の罫線はそのまま残り、外枠だけが太い罫線に上書きされます。

3 正解…❶

印刷や保存といった機能は、❶の「ファイル」タブにまとまっています。印刷を実行するには、「ファイル」タブを左クリックし、左側のメニューから「印刷」を左クリックします。

▶ 第6章　練習問題解答

1 正解 … ❶

表全体を並べ替えるときは、最初に、並べ替えたい項目のあるセルを左クリックしておきます。ここでは「合計」の大きい順に並べ替えたいので、「合計」の数字が入っている❶のE4セルを左クリックします。合計のセルであれば、E4セルからE6セルのどのセルでもかまいません。

2 正解 … ❶

データの並べ替えには「昇順」と「降順」の2種類があります。昇順は小さいものから大きいものへ並べ替える方法で、数字は「0～9」の順に、英字は「A～Z」の順に、かなは「あ～ん」の五十音順に並べ替わります。降順は昇順の逆の順番です。ここでは、五十音順に並べ替えるので、❶の昇順が正解です。

3 正解 … ❶

ワークシートの中から目的のデータを探すときは、❶の「検索と選択」ボタンを左クリックします。検索機能を使うと、キーワードを入力するだけで、キーワードに一致したデータを検索できます。

▶ 第7章　練習問題解答

1 正解 … ❶

エクセルでは､日付を入力するときは､❶の｢/｣（スラッシュ）記号で区切って、「7/1」のように入力します。

2 正解 … ❷

エクセルで計算式を作るときは、先頭に❷の「＝」（イコール）記号を入力するのが決まりです。

3 正解 … ❸

D2セルには、B2セルの単価とC2セルの数量を掛け算した結果を表示します。掛け算の記号は「＊」（アスタリスク）なので、正解は❸の「＝B2＊C2」です。❶の「／」（スラッシュ）記号は割り算、❷の「－」（マイナス）記号は引き算で使う記号です。

▶ 第8章　練習問題解答

1 正解 … ❸

平均を計算する関数の名前は、❸の「AVERAGE」（アベレージ）です。AVERAGEに続く括弧の中に、平均を計算したいセルの範囲を指定して、「＝AVERAGE(A3：A5)」のように指定します。

2 正解 … ❶

合計を計算するSUM関数は、「ホーム」タブの「合計」ボタンを左クリックします。❶が、合計を求めるボタンです。

3 正解…❶

E4セルの「＝SUM（B4：D4）」をE5セルにコピーすると、コピーした行に合わせて自動的に行番号が変化します。ここでは、「＝SUM（B4：D4）」が1行分下にずれるため、❶の「＝SUM（B5:D5）」の計算式が入ります。

▶ 第9章　練習問題解答

1 正解…❷

グラフを作成するには、❷の操作で、最初にグラフにしたい表のセルを選択します。次に、「挿入」タブからグラフの種類を選びます。

2 正解…❸

表のデータをグラフにするときは、グラフに必要なセルだけを選択します。ここでは、商品名別の7月から9月のデータをグラフにしたいので、❸の通り、A3セルからD6セルをドラッグします。E列の合計や7行目の合計は、グラフに必要ないのでドラッグしないようにしましょう。

3 正解…❷

「組み合わせ」グラフとは、❷の通り、異なる種類のグラフを1つのグラフの中に表示することです。ここでは、7月から9月のデータを積み上げ棒グラフ、売上目標を折れ線グラフで表示しています。

▶ 第10章　練習問題解答

1 正解…❶

ワークシートをコピーするには、❶の操作で、「Sheet1」の名前の部分を右クリックし、表示されるメニューから「移動またはコピー」を左クリックします。

2 正解…❸

「Sheet1」の名前がついたワークシートをコピーすると、❸の通り、「Sheet1（2）」の名前がつきます。また、「7月」の名前がついたワークシートをコピーすると、「7月（2）」の通り、名前の後ろに「（2）」がつきます。

3 正解…❷

❷の通り、「Sheet1」などのワークシートの見出しの色を左クリックすると、そのワークシートの内容が表示されます。

索引

記号・英字

，（カンマ） ………… 132
／（スラッシュ） ………… 135
＝（イコール） ………… 129, 155
AVERAGE関数 ………… 162, 167
SUM関数 ………… 154, 158, 161

あ行

アクティブセル ………… 24
アプリの一覧 ………… 21
印刷 ………… 104, 214, 216
上書き保存 ………… 35, 56
円グラフ ………… 173
オートフィル ………… 112
折れ線グラフ ………… 173, 178

か行

関数 ………… 154
関数のコピー ………… 168
関数名 ………… 155
起動 ………… 20, 206
行 ………… 26
行・列の削除 ………… 61, 70
行・列の挿入 ………… 61, 66, 72
クイックアクセスツールバー ………… 24
組み合わせグラフ ………… 173, 180
グラフ ………… 172
グラフタイトル ………… 182
グラフの位置 ………… 184
グラフのサイズ ………… 186
グラフの削除 ………… 177
グラフのデザイン ………… 188
計算式 ………… 128, 138
計算式のコピー ………… 142
罫線 ………… 96
罫線の削除 ………… 102
検索 ………… 111, 122
合計 ………… 154
格子 ………… 97, 98
降順 ………… 110
五十音順 ………… 118

さ行

四則演算 ………… 141
修正 ………… 60, 62, 64
終了 ………… 36, 57
条件付き書式 ………… 148
条件付き書式の解除 ………… 151
昇順 ………… 110, 118, 120
書式 ………… 28, 132
新規保存 ………… 35
数式バー ………… 24, 63, 64
スタートボタン ………… 20
セル ………… 24, 26
セルの色 ………… 77, 86
セル範囲 ………… 155
セル番地 ………… 26

た行

タイトルバー ………… 24
タスクバー ………… 206

縦棒グラフ …… 173
タブ …… 24
通し番号 …… 112, 120

な行

並べ替え …… 110
入力 …… 42
入力モードアイコン …… 16, 45

は行

バージョン …… 23
範囲の修正 …… 164
引数 …… 155
日付 …… 134
ファイルの削除 …… 212
ファイルの保存 …… 32
ファイル名 …… 34
ファイルを開く …… 38, 208
複数セルの選択 …… 82
ブック …… 29
太い外枠 …… 97, 100
平均 …… 162
棒グラフ …… 173, 174

ま行

文字の色 …… 77, 88
文字の大きさ …… 84
文字のコピー …… 210
文字の配置 …… 77, 92
文字の貼り付け …… 211
文字の太さ …… 77, 90

や・ら・わ行

用紙の向き …… 106
リボン …… 24
列 …… 26
列幅の調整 …… 76, 78, 81
ワークシート …… 24, 29
ワークシートのコピー …… 192, 194
ワークシートの追加・削除 …… 199
ワークシートのデータの消去 …… 202
ワークシートの名前の変更 …… 193, 196
ワークシートの見出しの色 …… 200

著者

井上香緒里（いのうえかおり）

カバー・本文イラスト／本文デザイン

イラスト工房（株式会社アット）

●イラスト工房ホームページ
https://www.illust-factory.com/

カバーデザイン

田邉恵里香

DTP

（株）技術評論社　制作業務課

編集

大和田洋平

●サポートホームページ
https://book.gihyo.jp/116

今すぐ使えるかんたん　ぜったいデキます！
エクセル　2019

2020年1月10日　初版　第1刷発行

著　者　井上香緒里
発行者　片岡　巌
発行所　株式会社技術評論社
東京都新宿区市谷左内町21-13
電話　03-3513-6150　販売促進部
03-3513-6160　書籍編集部
印刷／製本　大日本印刷株式会社

定価はカバーに表示してあります。

ISBN978-4-297-10975-2 C3055
Printed in Japan

問い合わせについて

本書に関するご質問については、本書に記載されている内容に関するもののみとさせていただきます。本書の内容と関係のないご質問につきましては、一切お答えできませんので、あらかじめご了承ください。また、電話でのご質問は受け付けておりませんので、必ずFAXか書面にて下記までお送りください。
なお、ご質問の際には、必ず以下の項目を明記していただきますよう、お願いいたします。

1 お名前
2 返信先の住所またはFAX番号
3 書名
4 本書の該当ページ
5 ご使用のOSのバージョン
6 ご質問内容

FAX

1 **お名前**
技術　太郎
2 **返信先の住所または FAX 番号**
03-XXXX-XXXX
3 **書名**
今すぐ使えるかんたん
ぜったいデキます！
エクセル　2019
4 **本書の該当ページ**
67 ページ
5 **ご使用の OS のバージョン**
Windows 10
6 **ご質問内容**
列が
挿入されない。

問い合わせ先

〒162-0846 新宿区市谷左内町21-13
株式会社技術評論社 書籍編集部

「今すぐ使えるかんたん　ぜったいデキます！
エクセル　2019」質問係
FAX.03-3513-6167

なお、ご質問の際に記載いただいた個人情報は、ご質問の返答以外の目的には使用いたしません。また、ご質問の返答後は速やかに破棄させていただきます。